DIANLI WURENJI JICHANG ZHINENG XUNJIAN
JISHU YU YINGYONG

电力无人机机场智能巡检技术与应用

国网山东省电力公司 组编

中国电力出版社
CHINA ELECTRIC POWER PRESS

内 容 提 要

本书总结了作者应用电力无人机机场智能巡检的经验，在兼顾知识的系统性、逻辑性的同时，以无人机电力巡检为主线，贯穿必需的知识点，注重技术原理、应用方法的介绍，突出电力巡检实际应用，对无人机机场系统、技术、创新、应用等多个方面展开详细阐述。本书力求结构合理，宽而不深、多而不杂，语言简练，文字通俗易懂，图例丰富，适于自学。

本书是电力无人机机场智能巡检指导的主要用书，可作为无人机机场巡检技术和应用的参考资料，也可作为相关专业人员的培训教材。

图书在版编目（CIP）数据

电力无人机机场智能巡检技术与应用 / 国网山东省
电力公司组编 . -- 北京：中国电力出版社，2025．2．
ISBN 978-7-5198-9462-7

Ⅰ．TM7

中国国家版本馆 CIP 数据核字第 2025CN5527 号

出版发行：中国电力出版社
地　　址：北京市东城区北京站西街 19 号（邮政编码 100005）
网　　址：http://www.cepp.sgcc.com.cn
责任编辑：王蔓莉（010-63412791）
责任校对：黄　蓓　马　宁
装帧设计：郝晓燕
责任印制：石　雷

印　　刷：三河市万龙印装有限公司
版　　次：2025 年 2 月第一版
印　　次：2025 年 2 月北京第一次印刷
开　　本：710 毫米×1000 毫米　16 开本
印　　张：11
字　　数：155 千字
定　　价：78.00 元

编　委　会

主　　任：任　杰

副 主 任：雍　军

委　　员：王志忠　李　岩　胥明凯　马建生　肖　驰

　　　　　王　涛　韩立忠

编写成员名单

主　　编：孟海磊

副 主 编：刘天立　蔡英明　李　敏　耿　博　杨　杰

　　　　　谭　冲　孙晓斌　李丹丹　刘　俍　郑　斌

编写人员：孙源文　乔耀华　梁健康　赵信华　洪　福

　　　　　肖俊丽　刘　越　蔡俊鹏　张德民　高　林

　　　　　周长明　宋香涛　王　凯　葛　华　王　岩

　　　　　张　飞　徐高翔　韩显芳　高立强　仲鹏飞

　　　　　吕建红　孙　宁　董　庆　李春飞　阳　敏

　　　　　张蓬鹤　王　聪

前　　言

随着无人机技术快速发展，无人机巡检已成为电网设备运维管理的重要手段，无人机巡检质效较传统人工巡视有显著提升，随着无人机巡检的规模化应用，其续航能力差、环境适应力低下、操作员技术水平要求高等缺陷逐渐显露，现有无人机巡检模式已不能满足输变配协同巡检规模化、标准化作业需求。无人机机场具有充电存储、自动飞行、远程监控、数据分析、应急处置等功能，因此，打造集群部署、自主起降、精准导航、融合巡检为特征的多专业机场协同巡检管理体系，加快构建网格化部署、协同化作业、规模化应用、一体化管理的无人机机场工作新模式，才能更好地适应新形势下的发展要求，保障电网、设备安全运行。

本书对电力无人机机场巡检系统进行了全面的介绍，对无人机机场巡检的关键技术进行阐述，对机场智能巡检系统作业流程和典型应用做了深入的分析。其中，第一章主要介绍电力无人机及机场的发展历程与应用现状；第二章主要介绍无人机机场人员配置、设备主人定义、计划管理和数据管理；第三章主要介绍无人机机场的系统架构、软件系统组成、无人机系统组成、硬件系统组成；第四章主要介绍无人机机场部署位置要求、施工安全规范、技术规范和现场验收规范；第五章介绍无人机机场检验检测要求和实例；第六章主要介绍无人机机场智能巡检关键技术，包括防护、视觉精降、图像数据采集、图像缺陷识别、远程数据通信及定位、障碍物探测与主动绕障技术和无人机自主巡检前端识别辅助拍照技术；第七章主要介绍机场应用的三维扫描与航线规划、航线验证与导入和巡检作业内容；第八章主要介绍机场维护保养的工作流程、报修流程与记录；第九章主要介绍机场日常巡检典型应用，在输电、变电、配电、基建各专业上应用，应急处置以及社会化典型应用；第十章主要介绍无人机机场智能巡检的发展方向。

由于编者水平有限，书中难免存在不妥之处，敬请读者批评指正。

目录

第一章

电力无人机应用概述

第一节　无人机定义与分类

在当今世界，无人机技术正迅速崛起，并成为各行各业的关注焦点。但在深入探讨其应用前，首先需要明确无人机的定义和各种分类。本节将对无人机的概念、种类以及应用范围进行详细讨论。

一、无人机的概念

无人机（unmanned aerial vehicle，UAV）是一种无需搭载人员进行飞行控制的飞行器。它是由地面控制站、航空器和相关系统组成的飞行器系统，可以通过预设航路、遥控器或自主程序进行控制和导航。与传统的有人飞行器相比，无人机具有更大的灵活性和适应性，能够执行一系列任务，例如侦察、勘测、货物运输、灾害救援等。

无人机的概念最早可追溯到 20 世纪初的军事侦察和作战应用。当时的无人机只能执行简单的飞行任务，但随着航空电子技术和导航技术的发展，无人机的性能不断提升，应用领域也逐渐扩展到民用和商业领域。

二、无人机的分类

根据其结构、飞行方式以及使用目的的不同，无人机可以被划分为多种类型和分类。以下将对常见的无人机分类进行介绍。

（一）按照结构和飞行方式分类

（1）多旋翼无人机：多旋翼无人机（见图1-1）采用多个旋翼提供升力和稳定性，通常具有垂直起降和悬停能力。由于其灵活性和机动性，多旋翼无人机广泛应用于近距离巡检、航拍摄影等领域。

图 1-1　多旋翼无人机

（2）固定翼无人机：固定翼无人机（见图1-2）采用固定翼提供升力，并依靠前进动力保持飞行。具有长航时和高速飞行的特点，适用于长距离巡检、地形测绘等任务。此外新型复合翼无人机结合了多旋翼和固定翼的优点，既具有垂直起降和悬停能力，又具有长航时和高速飞行的特点。在复杂环境下表现出了独特的应用价值。

图 1-2　固定翼无人机

（3）无人直升机：无人直升机（见图1-3）又称为单旋翼无人机，相较于多旋翼无人机只有一个主旋翼，不会像多旋翼那样气流互相干扰，气动效率高，负荷大，续航时间长，飞行速度快，抗风性能高，但是单旋翼无人机保养与维修比较麻烦，体型较大，价格偏贵，操控难度也大。

图 1-3　无人直升机

(二) 按照使用目的分类

（1）军用无人机：主要用于军事侦察、作战、情报收集等军事任务。军用无人机具有较强的隐蔽性和突防能力，能够代替人员执行高风险任务。

（2）民用无人机：广泛应用于航空摄影、农业植保（见图 1-4）、环境监测、地质勘察等领域。民用无人机为人们的生活和工作带来了便利，提高了工作效率和质量。

图 1-4　植保无人机

（3）商业无人机：用于商业目的的无人机，例如航拍摄影、物流配送等。商业无人机为商业行业带来了新的发展机遇，提升了服务水平和竞争力。

（三）其他分类方式

根据飞行方式可以分为自主飞行和遥控飞行；根据任务类型可以分为固定任务和可变任务；根据尺寸和载荷可以分为微型、小型、中型和大型无人机等。

通过以上分类方式，可以更清晰地了解无人机的种类和特点，为后续讨论无人机在电力领域的应用奠定基础。下面将进一步探讨不同类型无人机在电力无人机巡检中的应用情况和优势。

第二节　无人机在电网中的应用现状

电力行业是无人机应用的重要领域之一，无人机在电力领域的应用已经取得了显著的成效（见图1-5）。

图1-5　利用多旋翼无人机巡检输电杆塔

一、线路杆塔巡检

多旋翼无人机因其垂直起降和悬停能力，以及灵活机动的特点，被广泛应用于电力线路的巡检和故障排查。例如，可以利用多旋翼无人机沿着输电线路飞行，实时监测杆塔线路等电力设施的运行状态，发现线路隐患和故障点。根据线路运行情况、检查要求，采用小型多旋翼无人机悬停在线路附近净空，通过挂载可见光相机对输电线路导线、地线（见图 1-6）和杆塔上部的塔材、金具、绝缘子（见图 1-7）、附属设施、线路走廊等进行常规性检查。可见光巡检主要检查内容包括导线、地线、绝缘子、金具、杆塔、基础、附属设施、线路走廊等外部可见异常情况和缺陷。

图 1-6　导地线松股散股

图 1-7　耐张绝缘子自爆

二、红外测温

输电线路无人机可见光巡检技术日趋成熟，可直观发现在输电设备本体上的缺陷，尤其是小金具类缺陷。但由于电力设备的热效应是多种故障和异常现象的重要原因，因此对电力设备的温度进行监测，同时发现"看的见"和"看不见"的缺陷，是保障电力设备可靠运行的必备手段。利用无人机挂载红外相机可对绝缘子、导地线、连接金具等部位测温（见图 1-8 和图 1-9），通过温度值反映设备运行状态。

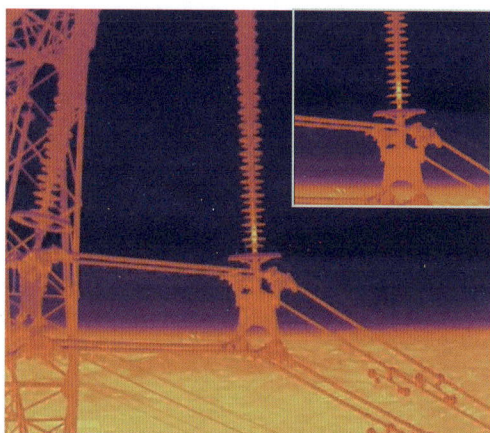

图 1-8　山东绝缘子红外检测

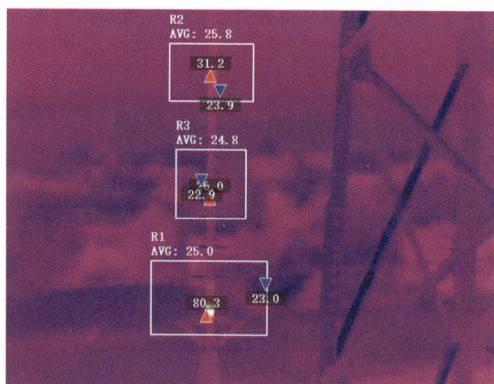

图 1-9　江苏绝缘子红外检测

三、激光雷达扫描

基于无人机激光雷达输电线路智能巡线软硬件系统建设，是实现线路状态运行检修管理、提升电网运行管理精益化水平的重要手段，其推广工作对提升电网智能化水平、实现电网状态数字化运行管理具有积极而深远的意义。机载激光雷达执行输电线路巡检是为了满足电网高压输电线路对安全性巡检高速度、高效率、高频率的需求，通过对原始激光点云数据的深度后处理（见图 1-10 和图 1-11），可同时面向电力巡线中应急分析和隐患分析的需求，从而实现对输电线路安全性的智能预警，进而还可以用来完成自动化巡检轨迹规划过程。

图 1-10　激光扫描树障隐患

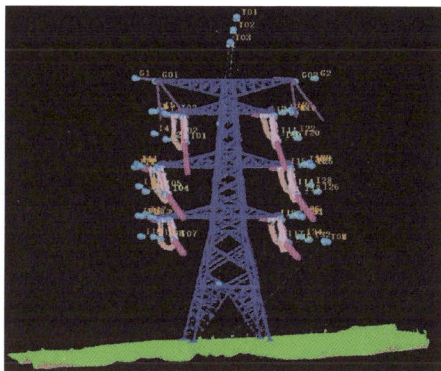

图 1-11　三维点云航线规划

四、X 光探伤

金具压接属于隐蔽工程，压接不符合要求的耐张线夹和接续管易引发局部发热，温度过高轻则损伤导线，重则断线引发设备非计划停运。尤其是在导线覆冰或舞动的情况下，极可能因压接质量问题引发掉线事故。X 射线检测技术在变电站 GIS 设备内部缺陷检测、复合绝缘子内部缺陷检测、架空输电线路压接金具检测等方面得到了应用，通过 X 射线排查线路导线、线夹、金具等内部缺陷和隐患对输电线路的安全稳定运行提供保障（见图 1-12）。

五、局部放电检测

电力电缆局部放电检测对于检测电力设备存在的问题有着非常重要的

作用。在针对电网进行放电带电的检测时，如果能准确定位到放电带电的详细位置，就能提高局部放电带电测量的实效性。当电气设备发生局部放电时，常常出现空气因局部高强度电场而产生电离现象。该过程一般由电压引起，伴随产生微小的热量，通常红外检测不能发现，而超声波检测法可以快速、准确地反映配电网架空线路的此类外绝缘缺陷。以无人机为载体进行架空线路的局部放电检测（见图 1-13），可有效克服地形限制，扩大巡检范围和提高巡检效率，快速锁定放电部位，提前发现线缆隐患。

图 1-12　X 光检测高压电线内部钢芯断裂

图 1-13　局部放电载荷及线路放电检测

六、通道巡检

固定翼无人机通常具有长航时和大载荷的特点，适合用于大范围电力线路的巡检和地形测绘。例如，可以利用固定翼无人机对电力线路进行航测，获取电力设备的三维模型和地形数据,为电力设备的规划和设计提供参考(见图 1-14)。固定翼无人机还可以配备多种传感器,如高精度相机、激光雷达等,实现对电力设备的高精度测量和分析。

图 1-14　利用固定翼无人机巡检输电杆塔

七、喷火除异物

高压架空输电线路在大风等季候性天气条件下,经常会悬挂或缠绕一些塑料薄膜、风筝线等,由于雨雪天气的影响,时常会导致发生线路相间短路或接地故障。利用无人机搭载喷火装置对可燃异物进行喷火处理(见图 1-15),使异物熔化、燃烧的方法,能够在带电情况下对可燃异物进行快速清理,确保输电线路安全平稳运行。处理过程中,无需工作人员靠近输电线路,保障了工作人员的安全,降低了劳动强度,为企业节省了大量的人力物力。

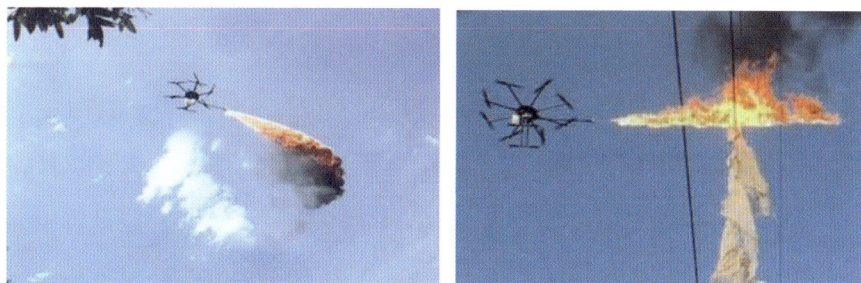

图 1-15　无人机现场喷火作业

八、线路验收

传统输电线路工程验收主要通过人工登塔检查、地面观测等方式进行，工程量大且存在检测误差、安全风险等问题，依托无人机巡检技术，通过无人机对铁塔、金具、导线连接点压接处，接地线、线路安装工艺等关键点开展验收，进行多角度全方位查看、拍照（见图 1-16），防止线路"带病"运行，通过现场确认和照片查看，验收人员清晰地了解项目的施工质量和工艺标准是否符合要求，做到了销钉级缺陷不放过；采用"无人机+三维激光雷达"方式对输电线路本体及通道进行扫描。通过采集线路本体及通道高精度三维激光点云数据，进而获得高精度三维线路走廊地形、地貌、地物和线路本体设备等空间信息。在此基础上实现对通道隐患、杆塔电气间隙、导地线弧垂、交跨距离等信息的精确测量（见图 1-17）。

图 1-16　无人机拍摄验收

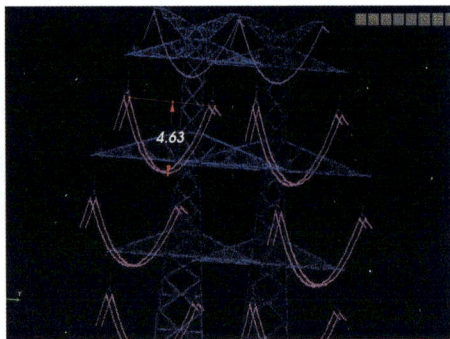

图 1-17　无人机激光弧垂测量

九、架线牵引

电力架线建设施工过程中，常常会受到地形及环境特点的制约，这些因素致使施工成本呈几何倍的增加，施工进度和施工质量也因此无法得到保障。六旋翼无人机牵引架设电力导线施工主要是利用无人机，通过对 3 个级别的牵引绳进行逐级牵引，配合张力机和绞磨机把电力导线架设从地面施工转入空中施工，从而避开地面复杂环境，完成电力导线的架设（见图 1-18）。

无人机架设电力导线可以在不破坏沿线原有生态环境的前提下，省时、省力、快速高效、保质保量地完成施工，同时大幅降低了砍伐树木及青苗赔偿的费用，并最大程度上降低了使用人工架设导线的安全隐患。

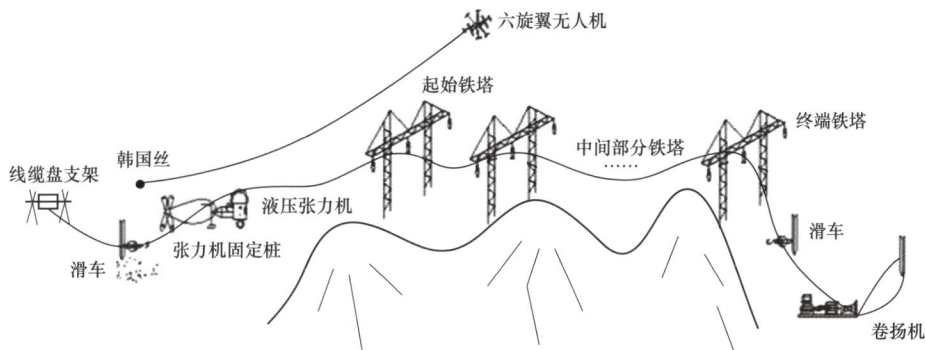

图 1-18 无人机牵引架设电力导线施工示意图

十、辅助照明

电力设备的增加、用电量的增长、环境的多变性对电力抢修工作提出了严峻的挑战。抢修工作的时效性要求 24h 不间断，但夜间抢修作业对照明的要求高，普通的手持探照灯、无人机携带低功率灯等方式光线太弱且续航较短，尤其在大风环境下，小型无人机的飞行安全不能保证。基于系留无人机的灯光照明可通过无人机携带大功率探照灯，为夜间电力作业提供光线保障，其控制方式简便，使用远程遥控设备控制，在控制无人机飞行操作的同时，也可对灯光进行控制，根据无人机图传信息，可清晰看到灯光照亮的范围，摆脱传统灯光照明支架的限制，支持一定高度下的灵活照明作业（见图 1-19）。能

图 1-19 系留无人机夜间检修照明

够在大风环境下保持稳定悬停照明，满足响应快捷、部署灵活、安全可靠、范围大、亮度高、环境适应力强等要求。

第三节 无人机电力应用发展历程

一、试点应用阶段

2015 年以前，验证油动无人直升机用于电力巡检的可能性，随着小型多旋翼无人机技术成熟，试点搭载可见光相机对输电线路杆塔及其附属设施进行全方位精细化巡视。

二、"无人机+操控手"巡检 1.0 时代

2016～2018 年，以大疆为代表的高可靠性、低成本多旋翼无人机广泛用于输电线路巡检工作中，无人机精细化巡检由飞手实时操作，操作无人机飞到杆塔的指定位置后，手动进行拍照，能够在短时间内巡视大范围的输电线路，输电线路的巡检周期得到明显缩短；通过精细化影像拍摄，做到真正的360°无死角巡检，数据存储方便历史追溯，进而更好提升巡检价值。

此外可配置机载红外相机，通过实测温度、对比相间温差的方法，发现隐蔽性较强的发热故障点，排查热缺陷；固定翼无人机搭载可见光相机对输电线路通道进行正射影像拍摄，对线路走廊全局进行快速普查，查看是否存在通道隐患。

三、基于实时动态定位技术（RTK）精准定位的无人机自主巡检 2.0 时代

经过电力行业无人机巡检探索与应用，无人机可搭载可见光、红外相机对输电线路进行精细化巡检，借助无人机巡检解决了大部分人工巡检所存在的问题，但也暴露出很多问题，巡检作业很大程度上受限于飞手的个人能力，

安全性难以保证,不利于无人机巡检的质效提升和推广应用。另外,无人机精细化巡检的拍照受人为操作的影响,拍照的距离、位置、角度都会存在个体的差异,照片的质量难以保证。在实际巡检作业中,现有模式巡检效率、作业质量以及巡检频次很难满足电网精益化运维的刚性需求。

由于近几年全球定位系统(GPS)、无线通信、激光三维扫描等技术的快速进步,使得无人机在三维建模及航线规划方面技术上有了很大的突破。通过激光雷达获取线路走廊内的高精度三维点云作为基础三维地图,随后使用AI算法自动识别提取关键特征(杆塔、导线、绝缘子等)的空间参数。借助深度学习算法帮助实现杆塔本体精细化巡检的拍照点自动化精准选定,形成平滑连接各拍照点的飞行航迹,并上传至无人机飞控系统中。无人机依据规划的飞行航迹,在RTK厘米级精度定位信号下进行复杂业务自主飞行,并借助激光雷达进行自主导航避障。

四、基于无人机机场的输变配协同自主巡检 3.0 时代

在无人机技术快速发展今天,无人机巡检已成为电网设备运维管理的重要手段,无人机巡检质效较传统人工巡视有显著提升,大幅度提高了巡检的安全性和可靠性。现有无人机作业水平及模式已不能满足输变配协同的无人机巡检规模化、标准化作业需求,亟须研制具备自主化、属地化的巡检作业系统,实现快速响应、标准作业、自动化作业。

全自主巡检替代现场人工操作是未来无人机巡检工作的大趋势,基于轻小型智能机场实现无人机发射、回收、充电、数据传输、作业状态监控全流程贯通。机场可进行覆盖范围输变配全量设备巡检,实现"一个机场、全域巡检"。机场巡检模式不再受人员、距离、交通等外界条件限制,实现了从"单一专业应用"向"全量设备协同"、从"人工现场放飞"向"远程一键下达"、从"限定条件使用"向"不限时空出动"跨越式发展,真正实现"三个"全覆盖(电网设备密集区域全覆盖、重点设备全覆盖和偏远区域全覆盖),形成以固定机场为主、移动机场配合的智能自主巡检新模式。

自主巡检机场的部署，在现有无人机自主巡检的基础上继续降低成本、提高可靠性，达到实用化应用条件，真正实现"机巡"替代"人巡"的目标。推动班组由"作业执行单元"向"价值创造单元"转变，促进设备运检质效全面提升。

第四节　无人机机场在电网中的发展历程与应用现状

随着无人机巡检的规模化应用，其续航能力差、环境适应力低下、操作员技术水平要求高等缺陷逐渐显露。无人机机场（见图 1-20）的出现很好地解决了上述问题，无人机机场具备无人机储存、自动飞行、精准降落等基本功能，自动充电功能弥补了无人机续航能力差的问题，自主巡检、航线规划等功能解决了人员技术水平参差不齐的问题。此外，无人机机场还拥有精准定位、实时图像识别、远程监控、AI 业务自动处理等功能，对电力无人机巡检的进一步发展有着重要的意义。

图 1-20　无人机机场

一、发展历程

人工携带无人机自主巡检，提升工作质量，不省人力。无人机巡检在输变配各专业大规模推广，即便购置大量飞机，也缺少相应数量的飞手，机场模式势在必行。因此要以低成本、全覆盖为目的，从解决主要矛盾入手，推动无人机机场逐步完善。

2021 年，主要矛盾是机场价格太高，用不起。山东省电力公司确定了小型充电机场的方案，相比大型换电机场，质量减少到 100kg，占地面积减少到 $0.36m^3$，采用接触式充电，成本降低了 90%。在章丘部署 26 座，建成县域机场全覆盖示范区。

2022 年，主要矛盾是通信距离受限，飞行距离短。国网智能科技股份有限公司联合道通智能航空技术股份有限公司，增加通信模块、将 RTK 移至飞机端，解决了信号遮挡问题，最大巡视半径由 1.5km 提升到 4km。在济南地区（济南、莱芜、超高压）新增部署机场 117 座，建成国网首个市域机场全覆盖示范区。

2023 年，主要矛盾是硬件缺少磨合，不可靠。9～12 月，累计飞行 3.3 万架次，拍摄图片 94 万张，平均每座机场每周巡检 7 架次，通过高频次飞行和不断迭代升级，机场硬件稳定性逐步提高，每千架次坠机数量由 35 架降至 17 架。全省部署机场 415 座，建成 19 个巡检示范区覆盖全部地市。

二、应用现状

当前无人机机场类型数量较多，可以根据搭载无人机类型、平台接入方式、能源补给方式、安装方式等进行分类。

在搭载无人机方面，国网智能科技股份有限公司、大疆创新科技有限公司等一系列厂商为无人机机场定制了特殊的无人机（见图 1-21）。其中国网智能科技股份有限公司机场采用自研无人机，根据生产需求灵活定制功能，可实现"蛙跳巡检""网格编队"等实际需求功能。此外在电力应用上的高度定制可以有效满足电力工作需求，通过接入国网智能机场管控平台实现电力线路或变电站巡检，进而大规模推广有效分担研发成本。而大疆系机场可依托大疆创新科技有限公司成熟的生态、先进的技术、低廉的价格，具有开发周期短、生产与维护成本低等优点，主要通过接入大疆司空平台实现一站式云端管理。

图 1-21 应用于电力巡检的信鸽无人机固定机场

在能源补给方面，可分为换电式和充电式。截至 2022 年 6 月统计，国家电网有限公司充电式与换电式机场占比分别为 47.24%和 52.76%。充电式机场通过加装简易接触式充电结构，实现电能补给，具有结构简单、载机易适配，后期维护、升级成本低等优点，但单次充电 40min，飞行 25min，不适用于不间断作业。换电式机场利用机械臂进行电池更换，可实现 24h 不间断巡检，但换电结构复杂载机适配性差，后期维护更新成本高。

安装方式则主要有固定机场、移动机场与驻塔机场。固定机场目前主要部署在变电站及供电所内，具备养护成本低、可靠性高等优点，但存在巡检范围小、部署地点不灵活等问题；移动机场（见图 1-22）扩展了机场的巡检半径，实现了一场多地巡检，但移动巡检过程中的道路颠簸造成设备可靠性低；驻塔机场（见图 1-23）有效解决了机场防盗、防外力破坏等问题，但存在施工难度大、取电难、后期维护难等问题，同时塔身结构对驻塔机场重量及稳定性提出严格要求，目前仅在福建、江苏、冀北等地有试点应用。

图 1-22 车载移动式机场

总体来看，无人机机场结合行业场景，以人工智能为核心构建一体化解决方案，采取"无人值守+全自动运营"作业模式，实现无人值守、自主充电、远程监控、无人数据处理、全自主飞行作业，安全性、可靠性、专业性的性能要求均达到电力行业应用场景要求。

图 1-23　驻塔式机场

第二章

无人机机场巡检管理

第一节　无人机机场人员配置

各机场设备主人单位、机场使用单位应配置一定数量的机场管理和运行人员，可采用柔性团队模式灵活设置"三种人"，分别为机场专责人、机场负责人、机场应急处置人。对于供电企业来说，机场专责人可由市公司相关生产中心及供电中心专工或班组长、县公司运检部专工担任，机场负责人可由市县输变配班组成员担任，机场应急处置人可由供电所、属地外委人员担任。各相关人员职责如下：

一、机场专责人

各机场设备主人单位均应设置机场管理专责人 1 人，统筹负责本单位机场及设备的相关业务。

二、机场负责人

各机场设备主人单位、机场使用单位内部明确 2~3 名人员负责任务执行、设备监控、机场相关缺陷上报等日常工作开展。

三、应急处置人

各单位应按照机场应急处置要求，为每个机场设置至少 1 名应急处置人，负责机场异常处置、协助开展日常维护等现场工作，并保证能在 20min 内到达现场。对于发电厂、用户站等单位，人员宜为厂站值守人员。对于供电企业来说，人员宜为变电站值守人员、各属地供电所人员或者各单位输电通道属地巡视人员。

第二节 无人机机场设备主人定义

一、机场设备主人单位的确定

机场主人单位按照部署位置确定。对于发电厂、用户站等单位，自行出资在厂站区域内安装一套或多套无人机机场，设备主人单位为该发电厂或用户站单位。其他在自有产权场所、构筑物上安装机场的单位，且不涉及跨地区、跨单位等情况的，可参照执行。对于以租赁形式安装布设机场的情况，机场设备主人单位的确定以具体租赁合同为准。对于供电企业来说，情况则复杂得多，下面以某网省电力公司为例，说明省域范围内布设机场的设备主人单位情况：

位于超（特）高压变电站内和覆盖范围内只有超（特）高压输变电设备的机场设备主人为省超高压公司；位于市公司变电站内的机场设备主人为市公司；位于县公司变电站内的机场设备主人为县公司；其他位于供电所、配电室、社会场所等位置的机场，设备主人为各属地市县公司。

二、机场设备主人单位的职责

各单位输变配设备主人按照巡检需求组织开展设备三维扫描及航线规划、现场验证等工作。经验证合格后的航线，经机场设备主人单位机场专责人审核后导入机场管控系统。

机场主人单位负责计划管理工作。总体计划制定原则为先紧急后一般、先高压后低压，并优先保证高电压等级设备巡视。对于发电厂、用户站等单位，一次设备可能只包含变电专业或未进行输变配等专业的详细划分，由机场主人单位自行确定计划汇总管理专业或部门。对于同时具备输变配等多专业的电力企业，由输电专业负责汇总计划需求，并由各单位运检管理部门平衡后发布。

如涉及多单位（部门）共用机场情况，应按照计划分配各单位（部门）的机场使用时间。巡视计划执行时，机场管辖权自动移交至申请单位（部门），由申请单位（部门）组织开展巡视任务，并登陆机场管控系统监控机场作业，巡视过程中发生的设备状态异常做好记录，并及时告知机场主人单位。巡视完成后，经申请单位确认再将管辖权移交回机场主人单位。

各机场主人单位定期对机场计划执行率进行汇总统计。

发生异常情况时，机场主人单位应根据机场异常情况的严重程度，分别组织机场专责人、机场负责人、机场应急处置人进行处理。无人机机场异常处置流程图如图 2-1 所示。

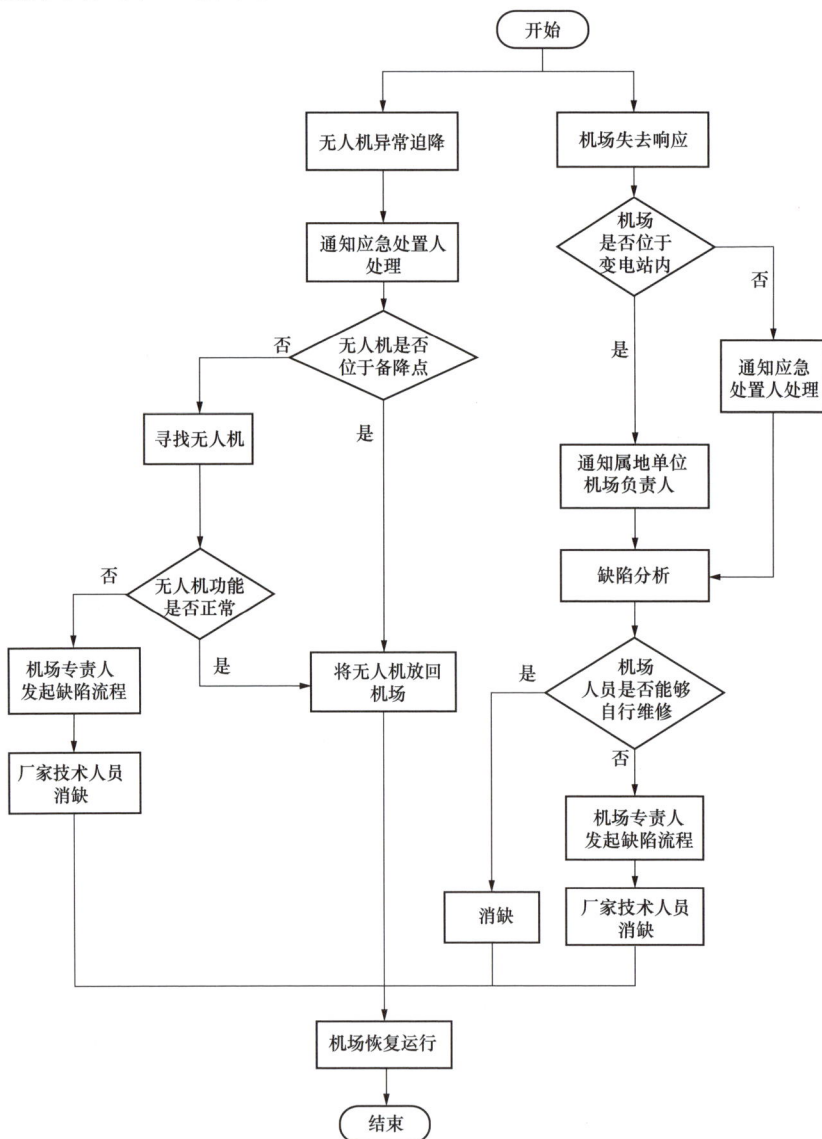

图 2-1 无人机机场异常处置流程图

第三节　无人机机场应用计划管理

机场巡视计划主要分为周期性计划、特殊计划及紧急计划三类，具体执行流程如下：

一、计划提报

巡视计划应与月度停电计划协调联动，优先对有停电计划的设备开展巡视，输变配各专业综合考虑各自管辖设备巡视需求，将计划提报至本单位机场专责人。周期性计划应于每月 25 日前提报；特殊计划原则上应提前 3 天提报；紧急计划应第一时间提报并进行电话联系。

二、计划审核

机场专责人汇总平衡所辖机场巡视计划，经审核批准后发布，安排相关机场开展巡视作业。对于供电企业，由各级运检部机场专责人汇总平衡计划，统一由市公司（超高压公司）运检部机场专责人发布。

三、计划调整

针对周期性计划各单位如因天气、特殊巡视、紧急巡视等原因导致计划不能执行的，计划自动调整至下周期优先开展。针对特殊计划如发生调整，各负责人提前 1 天收集本单位输变配巡视需求计划并提报至机场专责人，机场专责人及时在系统内进行计划调整。如因天气等原因不适宜机场巡视作业的，巡视计划可顺延执行。针对紧急计划如遇天气等原因不适宜机场巡视作业的，巡视计划可顺延执行。

500kV 及以上设备机场使用计划流程图如图 2-2 所示，220kV 及以下设备机场使用计划流程图如图 2-3 所示，其他外部单位申请使用机场开展巡视工作可参照执行。

```
                          ┌──────────┐
                          │   开始    │
                          └────┬─────┘
          ┌────────────────────┴────────────────────┐
    ┌──────────────┐                          ┌──────────────┐
    │  输电专业     │                          │  变电专业     │
    │  巡视计划     │                          │  巡视计划     │
    └──────┬───────┘                          └──────┬───────┘
           └────────────────┬───────────────────────┘
                    ┌────────────────┐
                    │ 超高压公司机场   │
                    │   负责人        │
                    └────────┬───────┘
            是      ┌────────────────┐      否
         ┌──────────┤  是否           ├──────────┐
         │          │  紧急           │          │
         │          └────────────────┘          │
  ┌──────────────┐                      ┌──────────────┐
  │ 系统内提报紧急  │                      │ 汇总平衡每个机场 │
  │ 任务巡检需求   │                      │  巡检计划      │
  └──────┬───────┘                      └──────┬───────┘
         │                              ┌──────────────┐
  ┌──────────────┐                      │ 提报至市公司    │
  │ 经机场主人单位  │                      │ 机场负责人     │
  │ 审核通过      │                      └──────┬───────┘
  └──────┬───────┘                ┌────────────────┐      否
         │                   ┌────┤ 是否市公        ├──────────┐
         │                   │    │ 司机场          │          │
         │                   │    └────────────────┘          │
         │                   │是                      ┌──────────────┐
         │            ┌──────────────┐                │ 发送至县公司机场 │
         │            │ 汇总平衡机场巡检 │◄───────────────┤   专责人      │
         │            │ 划，并发布     │                └──────────────┘
         │            └──────┬───────┘
         │             ┌────────────────┐      是
         │        ┌────┤ 是否特殊        ├──────────┐
         │        │    │ 巡检计划        │          │
         │        │    └────────────────┘   ┌──────────────┐
         │        │否                        │ 暂停当日周期性   │
         │        │                          │   计划        │
         │        │                          └──────────────┘
         └────────┴──────┐
                  ┌──────────────┐
                  │ 机场管辖权移交至超 │
                  │ 高压公司      │
                  └──────┬───────┘
                  ┌──────────────┐
                  │ 超高压公司组织开展 │
                  │ 相关巡检工作    │
                  └──────┬───────┘
                  ┌──────────────┐
                  │ 巡检任务完成后机场 │
                  │ 管辖权移交回机场主 │
                  │ 人单位        │
                  └──────┬───────┘
                    ┌──────────┐
                    │   结束    │
                    └──────────┘
```

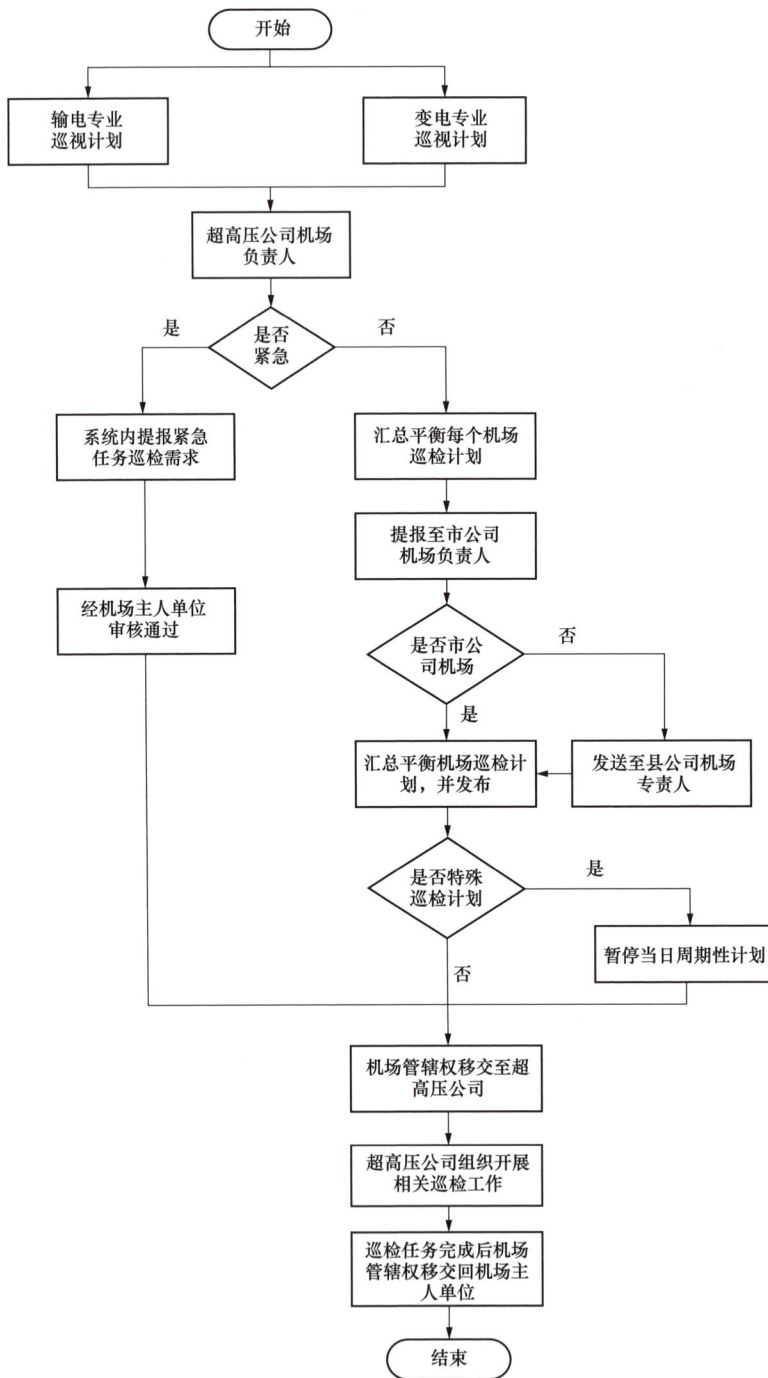

图 2-2　500kV 及以上设备机场使用计划流程图

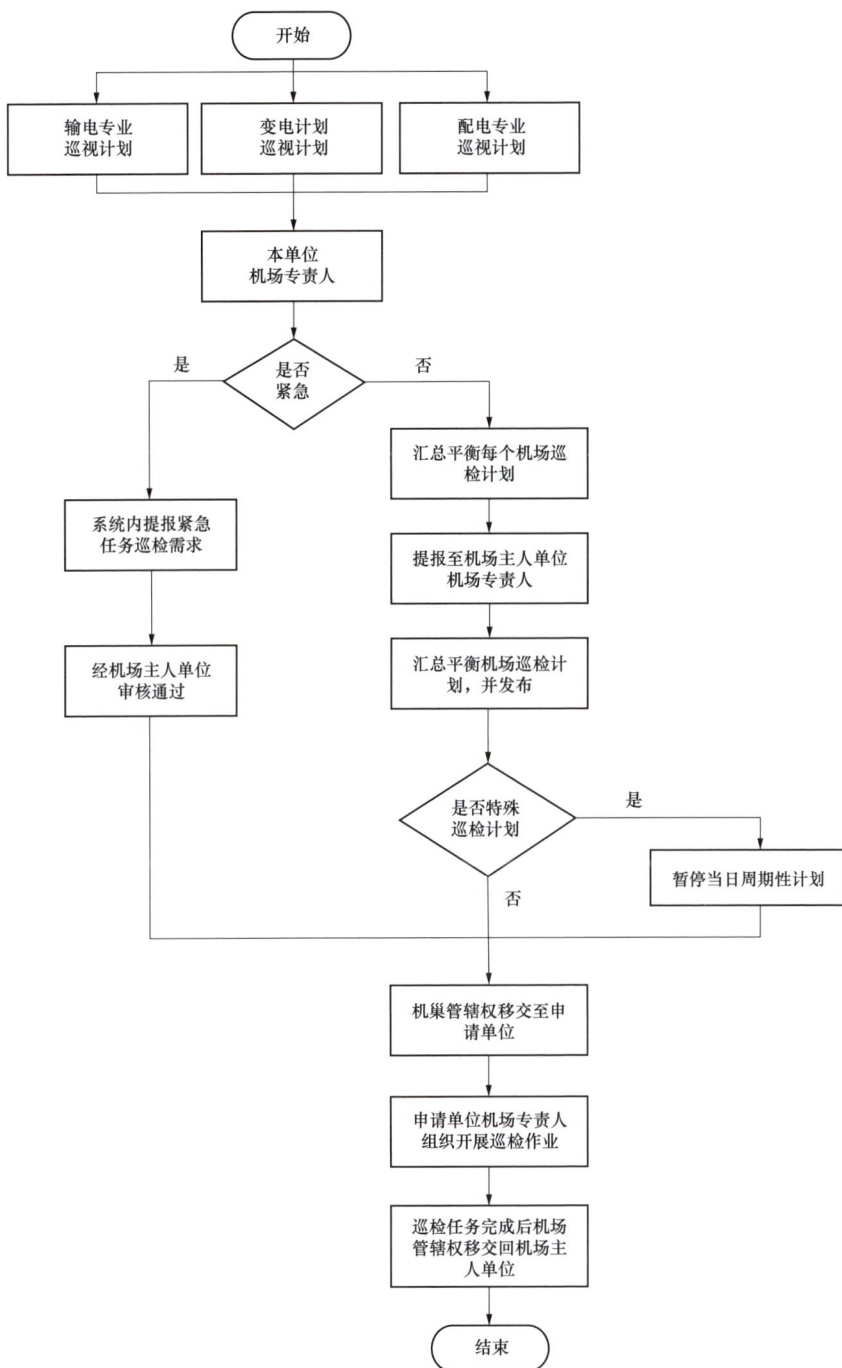

图 2-3 220kV 及以上设备机场使用计划流程图

第四节　无人机机场数据管理

机场巡视完毕后，输变配各设备主人单位应对巡视数据进行查看、处理。

机场巡检照片应全部回传，在机场端与管控系统同步存放，最新一个周期内的照片优先存放于机场端。3 年以内的缺陷照片留存在管控系统内；其余巡检照片当年全部留存，2～5 年内机场每年只保留第一周期，6 年及以上不再留存。

机场巡检视频原则上不需回传，先行存储在机场端，有需要时将相关视频回传至管控系统查看、存放。机场端只存放最新一个周期内的视频，回传至管控系统的视频保留 3 年。

机场管控系统应与无人机管控系统贯通，满足各单位登录无人机管控系统查看、审核相关巡检图像及视频数据需求。发现缺陷后，推送至中台系统，并启动流程进行处理。无人机机场巡检数据流向图如图 2-4 所示。

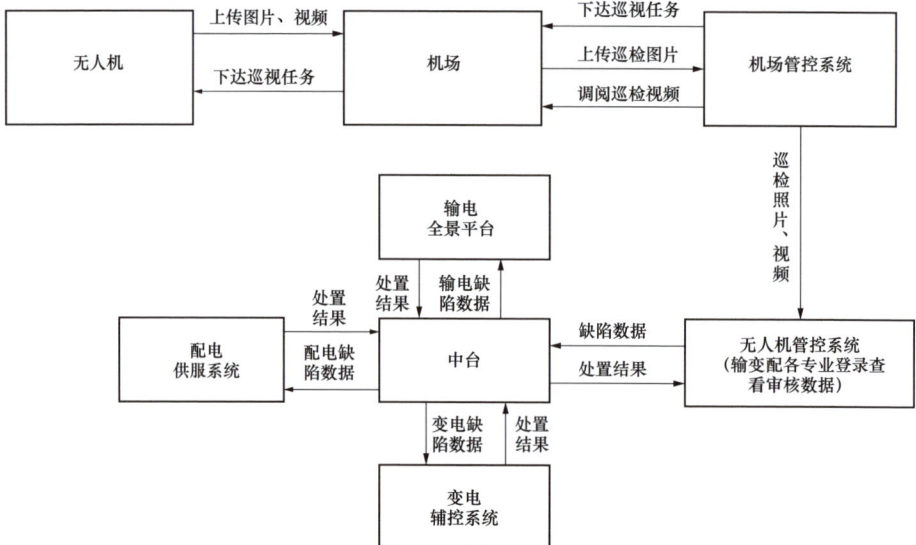

图 2-4　无人机机场巡检数据流向图

第三章

无人机机场智能巡检系统组成

第一节　系　统　架　构

无人机机场智能巡检系统由无人机、机场、后台管控系统组成（见图 3-1）。各部分相互协作，共同构成了无人机机场智能巡检系统，为各种巡检任务提供了高效、安全、准确的解决方案。

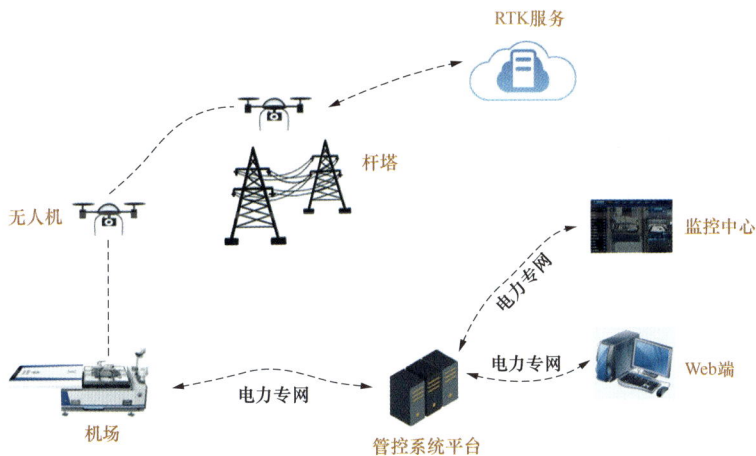

图 3-1　无人机机场智能巡检系统拓扑图

第二节　软 件 系 统 组 成

一、航线规划管理模块

航线规划管理模块是无人机巡检管控系统的核心功能之一，负责根据特

25

定任务需求、地理环境、飞行限制以及无人机性能参数，设计安全、高效、合规的飞行路径。主要功能如下：

（1）自动航线生成：根据巡检任务的具体需求，如巡检区域、巡检点、巡检时间等，自动计算出最佳的飞行航线。通常需考虑地形、障碍物、气象条件、无人机性能等多种因素的影响，以确保无人机能够安全、高效地完成任务。

（2）障碍物规避：航线规划管理模块会检测飞行路径上的障碍物，如建筑物、树木、山丘等，并自动调整航线以规避这些障碍物，有助于确保无人机的飞行安全，并防止对环境或设施造成损害。

（3）任务解析及航点定义：根据任务指令，确定起飞点、目标点、航路点、降落点等关键位置及高度等信息。

（4）任务参数设定：设定飞行高度、速度、航向、拍摄角度、停留时间等任务相关参数。

（5）优化飞行效率：通过合理规划航线，减少不必要的飞行距离和时间，从而提高无人机的巡检效率。

（6）适应动态环境：考虑到巡检过程中可能出现的天气变化、临时障碍物等动态因素，航线规划管理模块需具备实时更新和调整航线的能力，以确保无人机在复杂多变的环境中仍能保持高效的巡检作业。

二、实时监控与控制

实时监控与控制实现了对无人机飞行状态的实时追踪、视频监控以及远程控制，对机场状态的实时监控及控制，确保了无人机在巡检过程中的稳定性和安全性。主要功能如下：

（1）实时监控：实时监测无人机的速度、高度、航向、姿态角（俯仰、滚转、偏航）、电池电压、电量等飞行参数，确保无人机在正常状态下运行。

（2）位置追踪：通过 GPS、北斗等卫星导航系统以及视觉定位、超宽带（UWB）等辅助定位技术，精确跟踪无人机的地理位置，并在系统地图中实时显示。

（3）机场参数：实时监测机场温度、湿度、风速、雨量等气象参数和机场舱门、降落平台、归中杆、温度控制等系统参数。

（4）通信链路质量：监测无人机与机场、无人机与管控系统、机场与管控系统之间的通信信号强度、丢包率、延迟等指标，确保数据传输稳定。

（5）飞行控制：操作员可以通过后台管控系统获取无人机的位置并直接操控无人机的姿态，进行精细化飞行操作。

（6）载荷控制：远程控制无人机搭载的传感器进行数据采集，如控制云台，触发相机拍照、录像等。

（7）紧急处理：在遭遇异常情况（如电池低电量、进入禁飞区、遭遇恶劣天气等）时，立即暂停或终止当前任务，启动返航。

（8）地图显示：在 GIS 地图上实时显示无人机当前位置、飞行路径及预计飞行轨迹。

（9）巡检区域标注：标记巡检目标区域、任务点、禁飞区、危险源等关键地理信息。

（10）实时视频流：在管控系统实时播放无人机摄像头和机场摄像头回传的视频画面，支持多路视频切换和画中画模式。

（11）传感器数据显示：以图标、仪表盘等形式展示各类传感器的实时数据及分析结果。

三、巡检任务管理模块

巡检任务管理模块负责规划、统计无人机巡检任务，确保巡检工作有序、高效地进行。主要功能如下：

（1）任务时间安排：根据巡检周期、巡检对象特性（如光照条件、气候要求）、无人机续航能力、空域审批等因素，合理安排任务起止时间及巡检顺序。

（2）任务统计与报告：保存每次任务的详细信息（如任务参数、飞行轨迹、数据记录、操作日志等），形成可追溯的任务档案，可对历史任务数据进行统计、故障率统计等，为优化巡检策略提供依据。

四、智能缺陷识别与分析系统

无人机巡检系统中的智能缺陷识别与分析是利用先进的计算机视觉技术、深度学习算法以及专业的行业知识库，对无人机采集的图像、视频和传感器数据进行自动化分析，快速、准确地识别出潜在的缺陷、异常或安全隐患，并进行深入分析与评估。主要功能如下：

（一）数据预处理

（1）图像校正与增强：消除无人机拍摄时由于姿态变化、镜头畸变等因素导致的图像变形。

（2）色彩校正：统一光照条件，减少阴影、反光等影响，提升图像对比度与清晰度。

（3）噪声滤除：运用滤波算法去除图像中的噪声，提高后续处理的精度。

（4）关键区域定位：利用边缘检测、轮廓分析等方法，确定电力线、塔架、绝缘子串、挂点等关键结构的位置。

（二）智能识别

（1）训练与部署：基于大量标注的巡检图像数据，训练卷积神经网络（CNN）、递归神经网络（RNN）或其他深度学习模型，用于识别各类缺陷，如绝缘子破损、导线断股、塔架锈蚀等。

（2）模型更新与优化：定期评估模型性能，根据新收集的数据进行模型迭代训练，提高识别精度。

（三）缺陷分析与评估

（1）类型划分：按照行业标准或内部规范，将识别出的缺陷进行类别划分，如严重程度等级、维修优先级等。

（2）维修建议：根据缺陷性质、严重程度、地理位置等因素，生成维修建议，包括维修方式、所需资源、预计工期等。

（四）可视化与报告生成

（1）图像标注：在原始图像上自动或半自动标注出缺陷位置，便于直观查看。

（2）GIS 集成：将缺陷信息叠加到 GIS 地图上，展示缺陷的空间分布与关联关系。

（3）统计分析：汇总巡检任务的总体缺陷情况，包括各类缺陷的数量、比例、分布等统计数据。

（4）可视化图表：生成柱状图、饼图、热力图等图表，直观呈现分析结果。

五、设备管理模块

设备管理模块为系统提供了多类型机场和无人机的统一接入服务，为无人机的安全运行和高效管理提供了有力支持。主要功能如下：

（一）统一接入服务

提供标准化的接口，允许各种不同类型的无人机设备接入系统，无人机可以无缝地与系统连接，实现数据的实时传输和交互。统一的接入方式简化了设备管理的复杂性，提高了系统的兼容性和可扩展性。

（二）机场管理

提供对无人机起降场地的综合管理，系统可以记录每个机场的详细信息，包括地理位置、设施状况、容量限制等。此外，该功能还能实时监控机场的使用情况，确保无人机在合适的场地进行起降，从而避免潜在的冲突和安全问题。

（三）无人机管理

系统可对接入的无人机进行细致的管理，包括无人机的型号、性能参数、飞行状态等。系统能够追踪每架无人机的位置和飞行轨迹，确保其按照预定的计划和航线进行飞行。同时，无人机管理功能还支持远程控制和调度，使得操作更加灵活高效。

（四）日志管理

记录无人机运行的所有关键信息，包括飞行日志、维护日志以及操作日志等。通过详细的日志记录，系统能够提供全面的运行数据分析，帮助用户更好地了解无人机的性能和状态，有助于预防潜在的问题，还能在出现故障时提供有力的诊断依据。

（五）故障处理

一旦无人机出现故障或异常情况，该功能会立即响应，进行故障的诊断和定位。系统能够自动或半自动地采取必要的措施，如紧急迫降、返回起飞点或执行预设的应急程序，以确保无人机和周围环境的安全。同时，故障处理功能还会生成详细的故障报告，帮助用户及时了解故障原因，以便进行后续的维修和保养。

六、媒体管理模块

媒体管理模块是集图片库、无人机视频等功能于一体的综合性模块，旨在为用户提供高效、便捷的媒体内容管理体验。主要功能如下：

（一）图片库功能

图片库是媒体管理模块的重要组成部分，主要承担无人机拍摄照片的存储、管理和展示任务。具体功能包括：

（1）图片上传与存储：允许用户将无人机拍摄的照片上传至系统，并自动按照时间、地点等信息进行分类存储。同时，系统还支持批量上传，提高用户的工作效率。

（2）图片浏览与检索：提供直观的图片浏览界面，并且用户可根据关键词、拍摄时间、地点等条件进行快速检索。此外，系统还支持缩略图预览和全屏查看功能，方便用户快速浏览和选择所需图片。

（3）图片编辑与下载：内置的图片编辑功能允许用户对照片进行裁剪、旋转、调色等操作，以满足不同的使用需求。同时，用户还可以将处理后的图片下载至本地。

（二）无人机视频功能

无人机视频功能是媒体管理模块的一大亮点，它为用户提供了无人机拍摄视频的全方位管理。具体功能包括：

（1）视频录制与上传：通过无人机搭载的摄像头，可以实时录制高清视频，并存储至管理系统。系统支持多种视频格式，确保视频的兼容性和播放质量。

（2）视频浏览与回放：系统提供流畅的视频浏览体验，用户可随时回放已上传的无人机视频。同时系统还支持视频进度条拖拽、快进快退等操作，方便用户快速定位到精彩片段。

（3）视频导出：根据用户需要，选择需要导出的视频进行截取导出，可以选择导出时长。

七、统计分析模块

一个完善的无人机巡检系统还可能包括其他统计分析功能，如航线使用率、无人机使用率等统计，以便更全面地评估巡检工作的成效。这些功能共同为管理人员提供有力的数据支持，帮助他们优化巡检策略、提高工作效率和确保巡检质量。主要功能如下：

（1）任务统计：记录巡检任务的详细信息，如任务开始时间、结束时间、飞行路线、飞行时长等。提供任务次数的统计，可以按照日、周、月或自定义时间段来查看任务数量。展示任务的成功率、失败率以及任务执行的详细情况，帮助管理人员了解巡检任务的执行效率和效果。

（2）图片统计：自动记录任务中拍摄的照片数量，以及每张照片的拍摄时间、地点和拍摄目标。提供图片的分类统计，如按照拍摄目标（如线路、设备、环境等）进行分类。可对图片进行质量评估，如清晰度、对比度等，以确保巡检图片的有效性。

（3）机场任务完成率统计：自动记录每个机场或起飞点的任务完成情况，包括已完成任务和未完成任务的数量。计算并展示各个机场的任务完成率，以便管理人员评估不同机场的工作效率。提供任务延误或取消的原因分析，帮助改进工作流程和提高任务成功率。

（4）故障统计：自动记录无人机在巡检过程中出现的所有故障，如电池问题、通信故障、机械故障等。对故障进行分类统计，以便找出最常见的故障类型和原因。提供故障发生的时间、地点和详细情况，以及故障解决的过程和结果。通过故障统计和分析，帮助管理人员及时发现和解决潜在问题，提高无人机的可靠性和巡检效率。

第三节　无人机系统组成

无人机是一种利用无线电遥控设备和自备的程序控制装置操控的不载人飞机。通常分为无人直升机、固定翼无人机和多旋翼无人机。这里主要介绍电力智能巡检用到的多旋翼无人机。

多旋翼无人机主要由机身、动力系统、感知系统、相机及云台、导航与定位系统、飞控系统、通信系统组成（见图 3-2）。

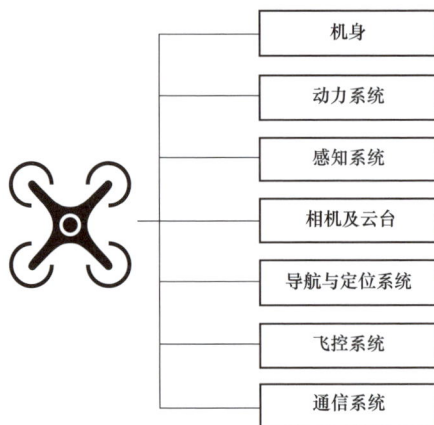

图 3-2　无人机组成

一、机身

无人机的机身是整个飞行系统的核心和基础，起到支撑和固定其他部件的作用（见图 3-3）。机身通常由轻质且坚固的材料制成，如碳纤维、玻璃纤维、铝合金或塑料复合材料等，这些材料具备高强度、高刚度、高耐腐蚀性等特点，以确保足够的强度和稳定性，同时保持机身的轻便。机身内部通常包含电源系统、电动机、电子调速器（ESC）、飞行控制系统等关键组件。

图 3-3　多旋翼无人机

二、动力系统

无人机动力系统是指将电池电能转化为机械动能，为无人机提供飞行动力。无人机动力系统主要包括螺旋桨、电动机、电调。

（一）螺旋桨

螺旋桨是无人机产生升力的关键部件（见图 3-4），其主要作用是将电动机产生的旋转动力转换为空气动力，产生升力和推力，从而使无人机能够上升、前进、后退、悬停或改变方向。螺旋桨的直径和螺距是两个重要的参数，它们影响着无人机的升力和飞行效率。常见的多旋翼无人机一般搭配 4 个螺旋桨，其中 2 个螺旋桨顺时针旋转，2 个螺旋桨逆时针旋转。

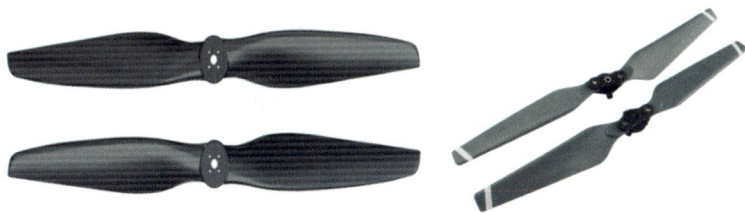

图 3-4　螺旋桨桨叶

一般螺旋桨按材质可分为塑料桨、树脂混合桨、碳纤维桨。

（1）塑料桨：加工精度高，成本低，重量轻，耐用性好，强度低，桨叶容易变形，耐温性能不佳。

（2）树脂混合桨：柔性尚可，静音效果较好，无明显缺陷。

（3）碳纤维桨：重量轻，抗张强度高，耐摩擦，效率高，但加工工艺复杂，成本相对较高。

（二）电动机

电动机是无人机动力系统的关键部件，负责将电能转化为机械动能，驱动螺旋桨旋转为无人机提供升力。无人机电动机主要分为无刷电动机和有刷电动机两大类。

图 3-5　无刷电动机

（1）无刷电动机（见图 3-5）：无刷电动机通过外部电子控制器（电子调速器 ESC）控制电动机内部绕组的电流流向，产生磁场并与永磁转子相互作用，推动转子旋转。无刷电动机具有高效率、低噪声、长寿命和高转速的特点。通常维护较少，并且可以提供更好的动力输出和飞行性能。

（2）有刷电动机（见图 3-6）：有刷电动机通过内部的电刷和换向器接触来改变电流方向，驱动电动机运转。有刷电动机结构简单、成本较低、技术成熟，但由于电刷磨损，寿命较短，效率和性能也不如无刷电动机。通常用于较小、低成本或对性能要求不高的无人机。

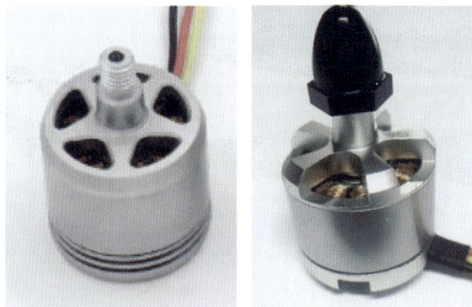

图 3-6　有刷电动机

（三）电调

电调通过接收飞控指令，控制电动机转速、方向等参数。其工作原理是将飞控控制信号转化为电动机输出信号，控制电动机转动。可通过速度调整保护电动机，提高飞行稳定性。无人机电调还具有多重保护功能，如负载过大、电动机过热保护、低压保护等，可以有效预防电动机损坏和飞行事故的发生。

三、感知系统

无人机感知系统是指无人机上用于探测和感知外部环境信息的系统。主要负责为无人机提供障碍物探测、碰撞告警以及其他相关的环境感知能力，是保障无人机飞行安全的关键。无人机感知系统通常包含多种传感器和算法，用于实时收集和处理外部环境信息。

（1）视觉感知系统：通过摄像头和图像处理算法，无人机可以识别地面上的目标、障碍物以及其他视觉信息。

（2）激光雷达：通过发射激光并接收反射回来的信号，可以测量无人机与地面或其他物体之间的距离，构建三维环境地图。

（3）毫米波雷达：利用电磁波的反射来检测障碍物，并获取障碍物目标的方向、大小、相对距离等信息。它具有探测范围广、全天候、全天时工作的特点。

（4）红外传感器：可以感知物体的热辐射，从而在夜间或低光照条件下提供障碍物探测能力。

（5）超声波传感器：通过发射超声波并接收反射回来的信号，可以测量无人机与地面或其他物体之间的距离。

（6）气压计：无人机通过监测大气压力，运用一系列算法和计算转换为高度信息。在无人机应用中，气压计通常与其他传感器一起使用，通过融合多种传感器数据，无人机可以实现更精确的高度测量和更稳定的飞行控制。

（7）温湿度传感器：用于感知无人机周围环境的温度和湿度信息，保障无人机在各种复杂的环境中有效地执行任务。

四、相机及云台

无人机相机及云台是无人机系统中非常重要的组成部分（见图3-7），它们分别承担着拍摄影像和稳定影像的功能。

图 3-7　相机与云台

（1）无人机相机主要用于拍摄无人机视角下的影像，包括航拍、俯拍、仰拍等多种拍摄方式。无人机相机可以搭载在无人机的不同位置，如前部、底部或侧面，以实现不同角度的拍摄。无人机相机还可以配备高清镜头、光学变焦、夜视功能等高级特性，以满足不同场景下的拍摄需求。在电力巡检应用中拍摄高清电力设备，有助于后台系统进行图像缺陷识别。

（2）云台是安装、固定相机的支撑设备，分为固定和电动云台两种。在无人机系统中，云台主要用于稳定相机，减少因无人机飞行时产生的震动和晃动对影像的影响。云台可任意旋转，方便使用者调整相机的拍摄角度和方向。同时，云台还具备远程控制功能和方向控制功能，用户可远程遥控实现对云台的控制，进一步调整相机的拍摄角度和方向。

在无人机系统中，通过相机和云台的结合实现稳定的拍摄，为电力巡检提供高质量、高效率的采集方案。

五、导航及定位系统

无人机导航与定位系统主要向无人机提供关于其位置、速度、姿态（俯仰、滚转、偏航）等关键信息，协助电控系统引导无人机按照指定的航线或任务指令进行飞行。

定位系统主要包括北斗定位系统、GPS 定位系统、全球卫星导航系统（global navigation satellite system，GLONASS）定位系统、惯性导航系统、视觉定位系统。

在实际应用中，多种导航与定位子系统融合使用，例如惯性导航可以弥补卫星信号不稳定或丢失时的误差，提高定位精度和可靠性。随着技术的发展，多传感器融合技术也被广泛应用于无人机导航与定位系统中，通过融合不同传感器的数据来提高系统的整体性能。

六、飞控系统

无人机飞控系统（flight control system，FCS）是无人机的大脑和神经中枢，负责控制无人机的飞行姿态、航线、速度以及执行各种飞行任务。飞控系统集成了先进的传感器、控制算法和执行机构，确保无人机能够稳定、安全、高效地飞行（见图 3-8）。

图 3-8　某开源飞控系统模块

无人机飞控系统的主要功能包括如下（见图 3-9）：

（1）飞行控制：通过控制无人机的电动机和舵机，实现无人机的起飞、飞行、降落和悬停等动作。飞控系统可以实时计算无人机的飞行状态，调整无人机的飞行速度和方向，确保无人机的安全飞行。

（2）导航控制：飞控系统内置多种导航传感器，如 GPS、GLONASS、惯性导航系统等，实现无人机的精准导航和定位。无人机可以根据预设的航线进行自主飞行，也可以接收地面控制站的指令进行遥控飞行。

（3）任务控制：飞控系统可控制无人机的任务设备，如相机、探测器等，完成无人机的拍摄、侦察、探测和救援等任务。飞控系统可以实时计算无人机的任务参数，调整无人机的任务设备，确保无人机安全完成任务。

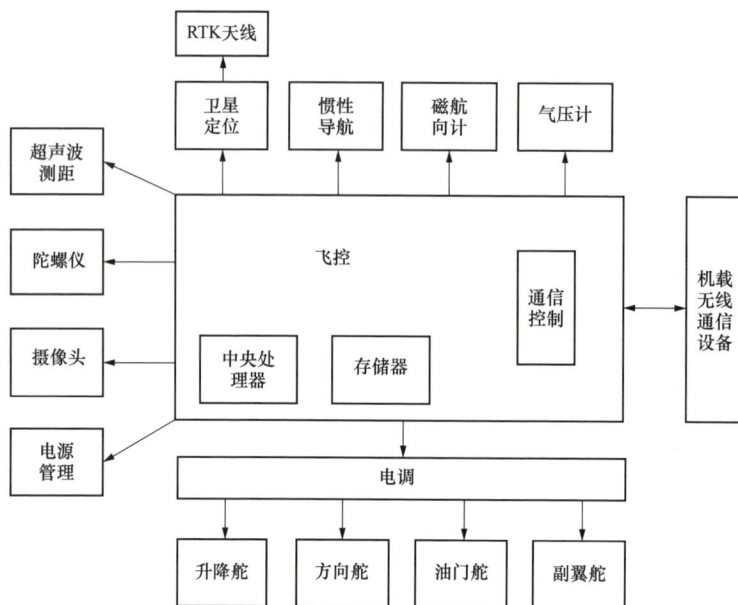

图 3-9 无人机飞控系统

（4）数据管理：飞控系统可以收集、存储和处理无人机的飞行数据，为后续的飞行分析和任务规划提供数据支持。

七、通信系统

无人机通信系统是指用于无人机与地面控制站之间的无线通信系统。这个系统通常由无线电收发信机、调制解调器、时分多路复用器和指令解码器等组成，主要实现无人机与地面控制站之间的信息传输，包括飞行指令、传感器数据和控制信号等。常用的通信协议为 MAVLink 协议，主要用于地面控制终端（地面站）与无人机之间（以及机载无人机组件之间）的通信。主要特性为高效性，每个数据包只有较少的开销，适合通信带宽有限的场景。

无人机通信系统的主要特点包括：

（1）实时性：无人机通信系统需要实时传输飞行指令、传感器数据和控制信号等，以确保无人机能够按照地面控制站的指令进行飞行，并实时反馈飞行状态和数据。

（2）可靠性：无人机通信系统需要具有高度的可靠性，以确保在复杂环境中无人机与地面控制站之间的通信不会中断或受到干扰。

（3）安全性：无人机通信系统需要保证传输信息的安全性，防止信息被窃取或篡改，确保无人机飞行的安全性和任务的保密性。

第四节　硬件系统组成

无人机机场硬件系统（见图3-10）包括机场舱体、无人机起降平台、电源系统、主控单元、辅助控制单元、温度控制系统、气象监测设备等。

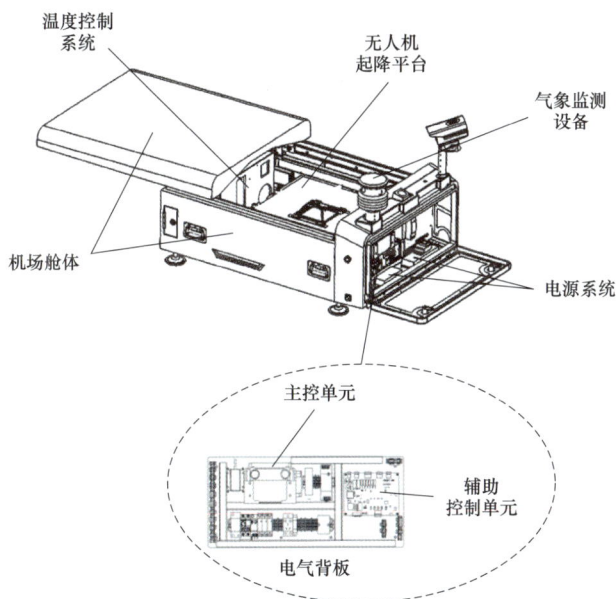

图3-10　机场硬件系统组成

一、机场舱体

无人机机场舱体（见图3-11）是机场的主体结构。这个结构需要具有足够的稳固性，以确保无人机机场在各种气候环境下都能保持稳定。机场舱体不仅为无人机提供存放空间，还为无人机起降平台、电源系统、控制系统、温度控制系统、气象监测设备等各种模块设备提供了固定安装空间。

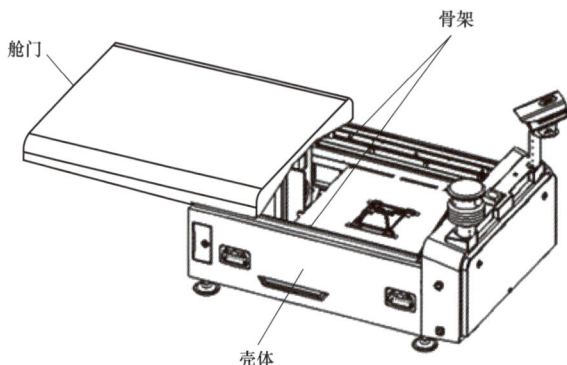

图 3-11　机场舱体组成

机场舱体包括机场壳体、骨架、舱门等。

（1）主要作用：

1）结构支撑与稳定：作为整个无人机机场的主体结构，壳体提供稳固的框架，承受自身重量以及内部设备的负荷，确保整个设施始终保持结构完整性和稳定性。

2）防风雨、防尘：壳体设计通常考虑密封性，能有效阻挡雨水、风沙、尘土等外部环境因素对内部精密电子设备和无人机机体的侵袭，保护无人机免受腐蚀、磨损和短路风险。

3）防撞与撞击缓冲：壳体采用高强度材料制成，具备一定的抗冲击能力，能够在一定程度上抵御意外碰撞或外部物体的冲击，保护内部无人机和设施免受损伤。

（2）分类：按舱门开合方式分类，有双侧翻转式、双侧平开式、塞拉门式、单侧开门抽屉式、滚筒式等（见图 3-12）。

（a）　　　　　　　　　　　　　（b）

（c）　　　　　　　　　　　　　（d）

（e）

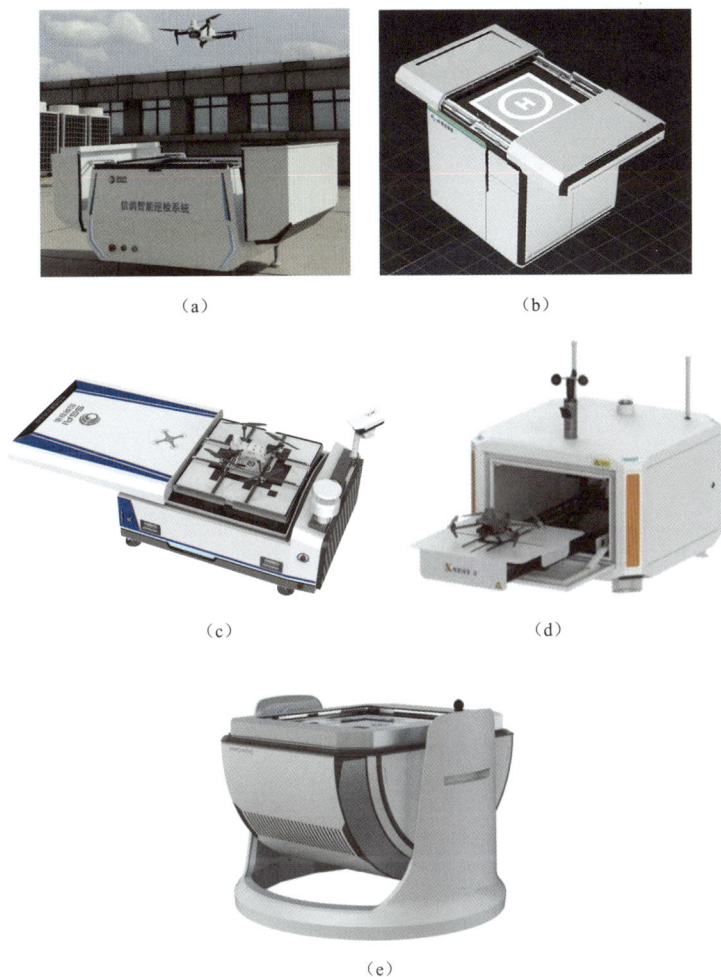

图 3-12　五种舱门开合方式

（a）双侧翻转式；（b）双侧平开式；（c）塞拉门式；（d）单侧开门抽屉式；（e）滚筒式

二、无人机起降平台

无人机起降平台是专为无人机设计的起飞和降落区域。

（1）无人机起降平台具备如下功能和特点：

1）视觉定位支持：起降平台配备必要的特征识别部件，帮助无人机准确确定自身位置，实现精准降落。

2）归中装置（见图 3-13）：无人机降落完成后，将无人机归位到平台中

41

心位置。

3）通信接口：平台还提供与无人机控制系统质检的数据通信接口，以便获取无人机实时状态。

4）自动化功能：一些起降平台还具备自动对接、充电、换电、更换载荷等功能，实现无人机的无人化自主起降和维护。

5）兼容性与标准化：平台设计时考虑不同型号、尺寸的无人机接口兼容性，确保各类无人机都能顺利使用平台。

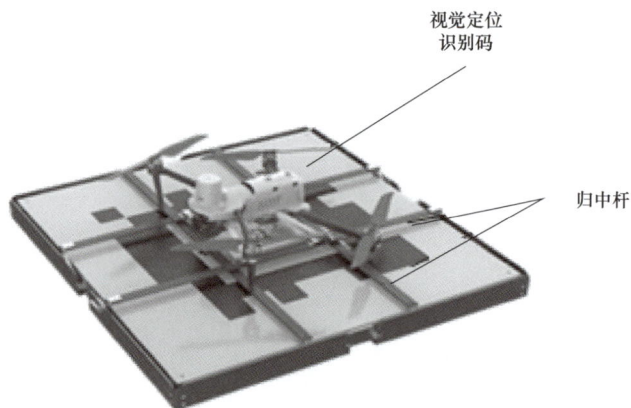

图 3-13　机场归中装置

（2）分类：

1）按应用场景：可分为固定式和车载式。

2）按电源补给方式：可分为充电式平台（见图 3-14）、换电式平台（见图 3-15）。

图 3-14　充电式平台　　　　　　　图 3-15　换电式平台

三、电源系统

机场电源系统是指为无人机起降、充电、维护、数据传输、环境控制等综合服务提供稳定、可靠的电力支持（见图3-16）。

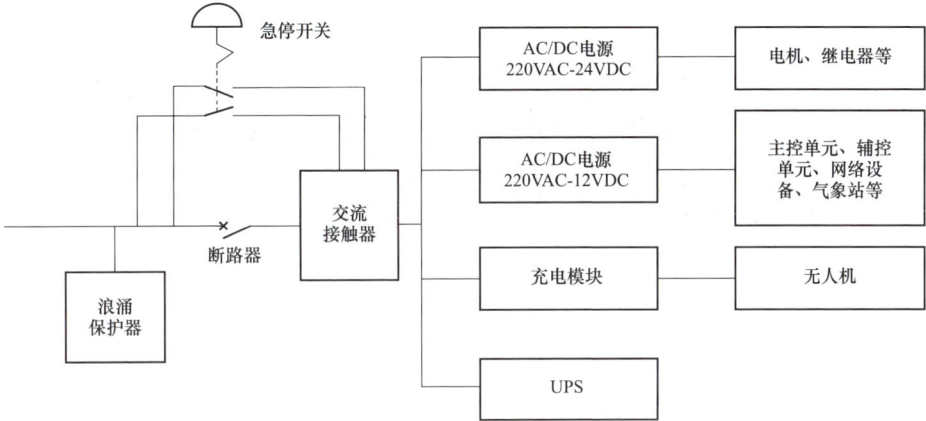

图 3-16　机场电源系统

电源系统组成与功能：

（1）主电源接入。机场通常与市电电网连接，通过内部开关电源将高压电降至适合设备使用的低压电；在某些特殊应用场景下，可采用太阳能光伏、风能、储能电池、发电机等可再生能源或备用电源系统作为补充或独立供电。

（2）电力转换。通过交流-直流（AC-DC）或直流-直流（DC-DC）转换器转换为机场各部件所需的直流电。确保各部件能够安全、高效地运行。

（3）应急供电。部署不间断供电系统（uninterruptible power supply，UPS），在主电源故障时自动切换至备用电源，确保关键设备不间断供电，提供短暂的电力缓冲，防止电压骤降、瞬时停电对敏感设备造成影响。

（4）安全可靠。具备多重电气安全防护措施，符合相关电气安全标准，确保人员、设备及电池安全。

（5）环境适应性。机场电源系统应考虑户外恶劣环境条件，如防尘、防水、耐高低温等，确保系统在各种气候条件下稳定运行。

四、主控单元

机场主控单元是无人机机场的核心控制组件，负责协调和管理机场内各项设备和系统的运行，确保无人机能够在无人值守的情况下实现安全、高效的起降、充电、维护、数据传输及环境控制等操作（见图 3-17）。

图 3-17　机场主控单元

（1）主要功能：

1）业务逻辑处理。处理无人机巡检任务执行，接收后台管控系统下发的巡检任务，执行任务，上报机场及无人机实时状态，上传图片等业务流程。

2）设备控制与协调。控制无人机的自动导航引导系统，确保无人机精确、安全地降落到指定停机位。管理充电系统，监控电池状态，启动和停止充电过程，实施最优充电策略。控制数据传输设备，确保无人机任务数据的高速、稳定传输与存储。

3）远程监控与操作。提供远程访问接口，允许后台控制中心和运维人员远程查看机场状态、控制设备、更新设置、获取告警信息。支持空中下载技术（over-the-air，OTA）更新，对机场软件及固件进行远程升级，确保系统功能的持续改进与安全更新。记录机场系统运行日志，方便运维人员查看分析机场状态及解决故障等。

（2）主控单元构成：

1）硬件架构。

a. 基于高性能嵌入式处理器或工业级计算机，具备强大的数据处理与实时控制能力。

b. 集成各类接口，如以太网、Wi-Fi、蜂窝网络、控制器局域网总线（CAN 总线）等，用于与无人机、充电系统、传感器、云平台等设备通信。

c. 包含必要的硬件安全模块，如加密芯片、安全启动机制，保障系统安全。

主控单元硬件系统如图 3-18 所示。

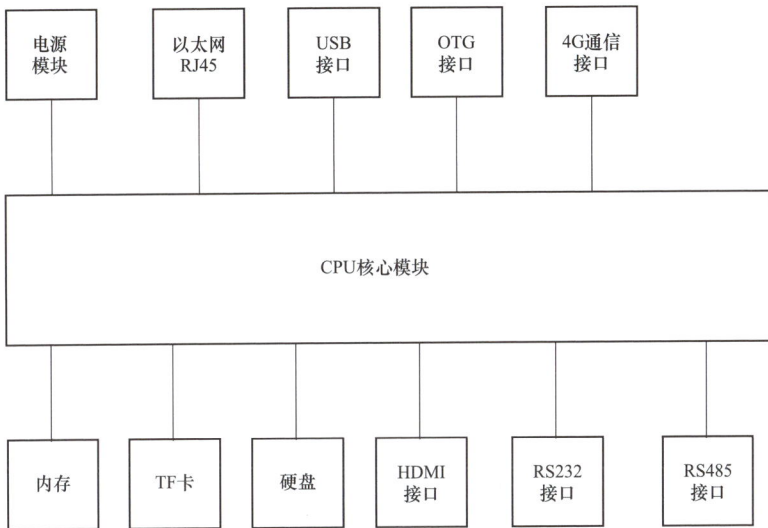

图 3-18　主控单元硬件系统

2）软件系统。

a. 操作系统：常采用安卓操作系统或 Linux 系统，确保指令的实时响应和高可靠性。

b. 应用软件：包括设备控制软件、资源调度算法、安全防护模块、远程监控界面等，实现主控单元的各项功能。

c. 协议栈：支持物联网协议［如消息队列遥测传输协议（MQTT），支持传输控制协议（TCP）、超文本传输协议（HTTP）等网络协议］，实现跨系统、跨设备的互联互通。

（3）工作流程。

1）接收并处理来自后台管控系统的巡检任务或其他单步指令。

2）向相关设备发送控制指令，如打开舱门、开启无人机、打开归中杆等。

3）对机场、无人机进行自检，接收环境传感器数据，跟进预设的逻辑和算法，判断环境状态是否具备飞行条件。

4）向无人机上传航线，控制无人机执行巡检任务，实时上报无人机位置、高度等状态数据和实时视频流。

5）定期或按需执行内部状态检查、系统健康监测、数据同步等任务，确保系统稳定运行。

6）在发生异常时，按照预定的应急预案进行响应，如隔离故障设备、启动备用系统、上报告警信息等。

五、辅助控制单元

辅助控制单元主要负责机场设备的控制、原始数据的采集等，协助主控单元实现机场设备的监控、管理和控制（见图 3-19）。

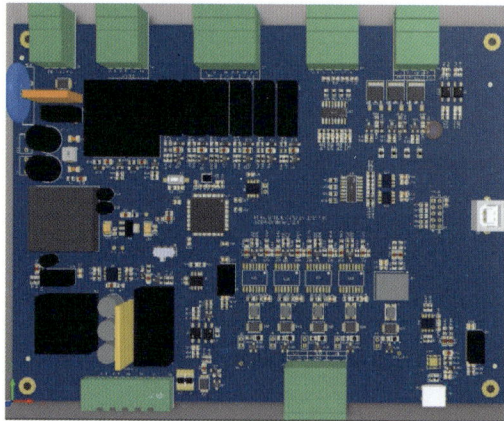

图 3-19　辅助控制单元

（1）主要功能：

1）设备控制：控制舱门开合、平台升降、归中开合、温度控制系统启停、充电启停等机场硬件设备。

2）设备状态监控：实时监测无人机电量信息，机场舱门状态、平台状态、归中杆状态、UPS 状态等机场设备的运行状态，确保设备正常运行。

3）数据采集与处理：对温湿度、风速、雨量等环境参数进行采集和处理，将关键信息传输给主控单元，为主控单元的决策提供数据支持。

（2）辅助控制单元构成：

1）硬件部分：采用模块化设计思想，将辅助控制单元划分为多个功能模块，包括数据采集模块、处理模块、通信模块和电源模块等，各模块统一由核心微控制单元（MCU）管理（见图 3-20）。

2）软件部分：基于嵌入式操作系统，开发辅助控制单元的软件功能。通过编写驱动程序和应用程序，实现设备状态监控、故障诊断与处理、数据处理与传输等功能。

3）接口设计：设计统一的接口标准，实现辅助控制单元与主控单元、其他辅助控制单元及外部设备之间的连接和通信。

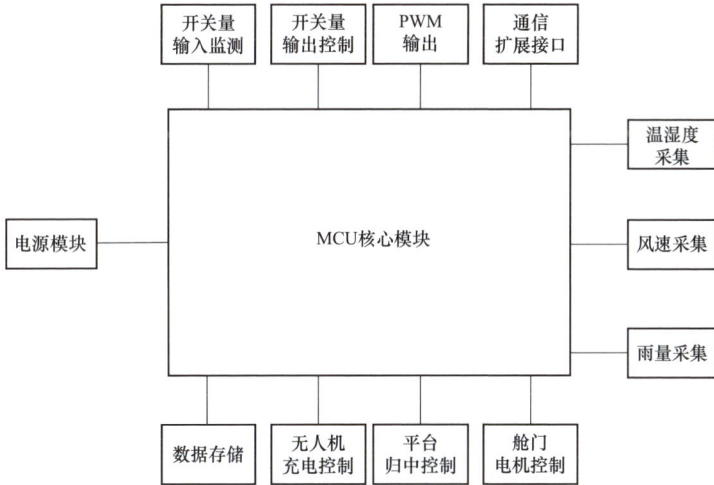

图 3-20　辅助控制单元硬件组成

六、温度控制系统

无人机机场温度控制系统是无人机机场中不可或缺的一部分，它负责调控机场内部环境的温度、湿度参数，为无人机和其他电气部件提供适宜的温度条件，以保障无人机及其关键组件（特别是电池）在各种气候条件下都能安全、高效地运行。工业空调如图 3-21 所示。

主要构成：

（1）温度传感器与湿度传感器。温度传感器与湿度传感器分布于机场内部关键区域，实时监测环境温度，为温度控制系统提供数据输入。

（2）中央控制器。中央控制器接收并处理传感器数据，根据预设的温度、湿度范围或动态设定值，发出调节指令。可具备智能算法，如 PID 控制、模糊控制等，以实现精确、稳定的环境控制。

（3）加热/制冷设备。加热/制冷设备包括空调机组、电加热器、蒸发冷却系统等，用于调节机场内部温度。设备应具有高能效比，以降低运营成本，并考

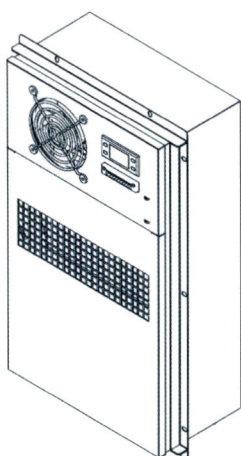

图 3-21　工业空调

虑低噪声设计，避免干扰无人机通信。

（4）通风系统。通风系统包括进风口、排风口、风扇、空气过滤器等，确保空气流通，实现机场内部温度快速调节。

七、气象监测设备

机场的气象监测设备是专为确保无人机安全、高效起降而设立的气象观测系统（见图 3-22），用于实时监测和记录机场及其周边的气象条件。这类设备对于无人机运营至关重要，因为气象因素直接影响无人机的飞行性能、导航精度、电池效能、通信质量以及整体安全性。

气象监测站的主要构成：

（1）温度传感器。用于测量空气温度，确保无人机在适宜的温度范围内飞行，防止极端高温或低温对无人机电池、电子元件及结构材料产生不利影响。

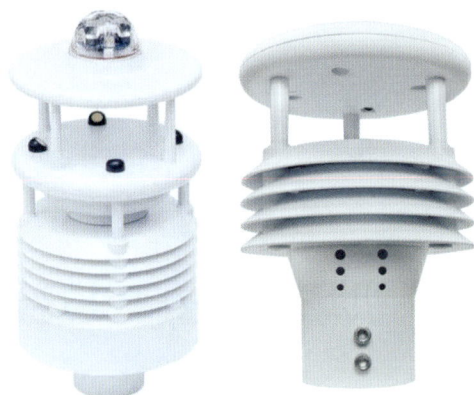

图 3-22　微气象仪

（2）湿度传感器。测量空气中的相对湿度，高湿度可能引发无人机表面结露或内部电子设备受潮，而低湿度可能影响静电放电防护。

（3）风速风向传感器。实时监测风速和风向，这对于无人机起降和飞行路径规划至关重要。强风可能超出无人机的最大抗风能力，导致飞行不稳定；而风向变化会影响无人机的航迹保持和着陆精度。

（4）气压传感器。测量大气压力，气压变化会影响无人机的飞行高度计算和空气动力学特性。精确的气压数据有助于无人机维持正确的飞行高度和执行精确的地形跟随飞行。

（5）雨量传感器。监测降雨量大小，为无人机操作员或后台管控系统提供降雨强度情况，确保无人机和机场操作的安全性。

第四章

无人机机场部署安装与验收

无人机机场是实现无人机全自动作业的地面基础设施，是实现无人机自动起降、存放、自动充/换电、远程通信、数据存储、智能分析等功能的重要组成。无人机机场部署安装主要包括安装点位勘察、编制施工方案、现场安装施工、调试飞行、验收测试。

第一节 无人机机场部署位置要求

一、部署区域尺寸要求

为满足无人机起降、备降、返航对安全距离的要求，部署位置应满足以下条件：

部署位置空间大于 5m×3m（长×宽）处；部署位置周围半径 10m 无遮挡（见图 4-1）。

二、自然环境要求

为确保无人机机场稳定运行，降低自然环境影响，无人机机场应避免安装在风口、地质灾害区、盐雾腐蚀区、积水区。

（1）安装地点常年温度范围在–25～50℃，选择风沙较小的，起降风速不大于 6 级且气流平稳位置，避免选择风口处。

图 4-1　某 220kV 变电站无人机机场

（2）避免安装于雷击区，地质灾害易发区（泥石流、滑坡、积雪掩埋）。

（3）机场周围要排水系统良好，不易积水。

三、信号要求

（1）部署位置要有移动网络覆盖。

（2）部署位置周围 GPS 信号好。

（3）远离电磁波干扰点，大型钢构件、化工厂，避免干扰无人机指南针。

四、法规要求

避免安装机场至禁飞区、军事敏感区域、人口稠密区、军事管理区、设区的市级（含）以上党政机关、监管场所、加油站和大型车站、码头、港口、大型活动现场、高速铁路、普通铁路和省级以上公路等敏感设施与机构。

第二节　无人机机场系统施工安全要求

无人机机场系统施工主要涉及高处作业、吊装作业、低压线缆接电安全要求。

一、施工现场安全措施

任何人进入施工现场，应戴安全帽，使用必要的安全防护用品。不得随意拆除现场安全设施。施工人员拆除安全设施必须经过书面批准，施工完后及时恢复并报告批准拆除人。

（1）机械、车辆交通管理。严格用车管理，严禁无证驾驶；严禁酒后驾车；严禁客货混装；严禁使用农用车、拖拉机作载人工具。进入现场机械做到安全技术状况良好、安全保护装置齐全，起重机经正式检验站检验合格并悬挂安全准用证。

（2）施工工器具管理。施工工器具应由专人保管，定期进行检查，正确使用，不合格的不准使用。电动工具应严格按照要求进行定期检查维护和试验。不符合安全使用的电动工具、提升工具等应立即停止使用，并请有关专业部门检查维修、更换。使用前、后，都应进行检查，项目完成后按照公司规定交回，做好相应交接手续，规格及数量核实准确。

二、高处作业安全要求

凡在离地面（坠落高度基准面）2m及以上的地点进行的工作，都应视作高处作业，严格遵守高处作业安全规定，严防高处坠落事故。

（1）作业高处、临边作业时，临边边界应设置不小于1.2m高的防护栏杆。

（2）使用梯子的工作必须符合安全规程要求，梯子应坚固完整，梯子的支柱应能承受作业人员及所携带的工具、材料攀登时的总重量，梯子不宜绑接使用，梯子使用时在地面挖出不低于20cm深度基坑固定，在有地面人员监管下使用。

（3）购置登高作业安全防护绳，机场部署于屋顶的，施工采用固定式或配重式设置锚点，安全防护绳固定于锚点。

（4）严禁高处抛扔物件行为。

三、起重作业安全要求

若机场须架设在高处，物料及机场采用吊装作业方式，运送物料至指定位置，吊装作业要求：

（1）起重机械应置于平坦、坚实的地面上，不得在暗沟、地下管线等上面作业，支腿与沟、坑边缘的距离不得小于沟、坑深度的 1.2 倍，否则应采取防倾、防坍塌措施。

（2）作业前应向参加工作的全体人员（包括起重机械操作及指挥人员）进行安全技术交底，使全体人员均熟悉起重方案和安全措施。

（3）应根据作业点四周带电设备的具体情况，设置最优的起吊机械作业点，设置作业点时应考虑起重机械及吊具、索具与带电体保持足够的安全距离。

第三节　无人机机场系统施工技术要求

一、基础施工

机场基础施工包括机场本体放置平台施工，部分有气象监控站的机场需要另外增加监控桅杆底座基础制作，根据部署点位位置及现场情况选择不同施工方式需满足如下要求：

（一）机场本体基础施工

（1）屋顶部署：屋顶地面有一定坡度，提供占地为 1.2m×1.2m 的基础，基础厚度为 10～15cm，屋顶平整度高的可采用支撑架支撑机场本体。

（2）地面部署：需设置 2m×3m 基础台面，采用平台基础的浇筑应采用 C20 以上规格的水泥混凝土砂浆，混凝土浇筑必须密实，禁止有空鼓。浇筑后的基础水泥厚度大于 20cm，且必须要高于地平面 10cm。混凝土浇筑须养护 3 天以上，以确保混凝土能达到一定的安装强度。施工时间紧迫时，可加入水泥凝固剂。

（二）机场监控桅杆基础施工（若有）

气象监控站架设在机场周边，距离自动机场 3～5m，或者部署于高处以减少信号遮挡。设计施工一个方形混凝土平台，施工前需检查基础位置地下是否有上下水、煤气、供暖等管道，以及电力、通信、光纤等线路灯。

测量该基础位置处的可施工尺寸，以确保能够满足基础尺寸的最低要求（长×宽：0.5m×0.5m，高度：≥50cm），并做地平处理。如无法满足，应采用改变位置或按等体积原则改变水平尺寸等方法解决。

二、电源及网络安装

（一）电源要求

电气连接需符合当地法规要求，机场安装位置供电稳定，无频繁停电情况，机场需要单独配置剩余电流动作保护器及空气开关。

（二）电缆铺设

机场连接外部电源线需通过保护线管，电缆线不得有接头，一般采用PVC（聚氯乙烯）阻燃线管，变电站内施工的需按照变电站要求铺设，线管途经地面的需做埋地处理，并在相关位置设置警示标志。

（三）配电箱安装

户外配电箱应满足防水要求，安装位置应距离机场不小于 1m，配电箱进线及出线口应做好防水、防火封堵，配电箱内地线与配电箱外壳接地。

（四）网络线缆施工要求

机场安装需要接入互联网，可以使用 4G 无线路由器或者有线网络。网线应使用超五类及以上网线，电源线与网线应分开独立铺设，线路走线避免靠近水管、暖气管等其他影响网络传输的管道。

三、调试飞行

机场部署完成后，依次设置摄像头、机场图传、数传推流地址、备降点录入、机场初始状态、基础信息录入后台，完成软件参数设置；现场规划示教航线完成验证后，通过后台下发航线，观察机场运行状态，正常执行即完成机场调试（见图 4-2 和图 4-3）。

图 4-2　调整机场归中限位

图 4-3　获取机场状态信息（调试软件图）

调试完成后，将平台清洁到位，检查工器具并收纳进工具箱或工具包内，拍摄现场完工图留存，通知现场工作负责人及业主单位负责人完成机场部署。

第四节　无人机机场现场验收要求

一、核查物料清单

根据到货清单，核查机场包装无破损、浸水，本体开仓机构、归中机构、

55

气象模组、监控模块等设备外观良好、无破损，无人机本体机臂、云台、机身外观良好、无破损。

二、土建验收

使用水泥台作为本体安装基础的需满足机场安装尺寸要求，水泥台表面平整光洁，倾斜角度不超过 5°，若安装在楼顶，屋顶应满足承重要求，楼面承重不得小于 200kg/m^2（见图 4-4）。

图 4-4 水泥平台安装图

使用金属架作为机场放置基础的，金属架放置区为水平硬化地面或楼顶，需具备打孔条件，否则需使用沙袋等重物将金属架妥善固定（见图 4-5）。

图 4-5 支架安装图

依据机场安装指导手册，使用对应工具对电源电压、功率、接地电阻进行测量，根据线缆铺设长度核对线缆线径、线缆穿管接口封堵情况。机场网络速率应满足最低要求，有线网络超过 80m 的应使用光纤及光纤转换器。

三、功能验收

利用手动示教或者平台在线规划验收航线，航点数量不少于 3 个，航点水平间距不小于 100m，高度间距不少于 50m，航点动作至少包含拍照、录像、云台角度变化。可通过后台创建并下发测试任务，并查看各项数据（气象站、空调状态、充放电、机场飞机状态），任务执行状态与结果（见图 4-6）。

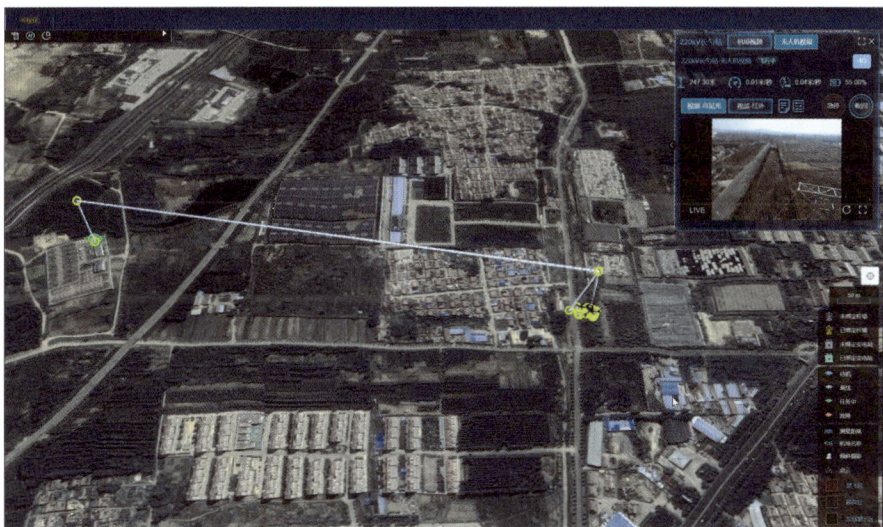

图 4-6　功能验收飞行状态

四、过程资料

为保证机场后期维护，机场完成施工后，施工过程数字及文档资料应归档处理，主要包括施工方案、机场完工报告、机场交付清单等相关资料。

（1）施工方案需经审批人签字同意，主要内容包括机场安置区域概况、施工工艺、电路接线图、部署要求、安全措施、组织措施、技术措施等内容，原件打印留存。

（2）机场完工报告主要内容包括：机场基本信息、机场施工人员名单、实际接线图、调试飞行详情、完工图等内容，原件留存。

（3）机场交付清单包括机场、无人机、合格证、操作手册及相关技术资料。

第五章

无人机机场检验检测

第一节 无人机机场及无人机相关强制要求条款

我国民用无人机领域首个强制性国家标准 GB 42590—2023《民用无人驾驶航空器系统安全要求》已于 2024 年 6 月 1 日正式实施，标准针对无人机提出了包括电子围栏、远程识别、应急处置、结构强度、机体结构、整机跌落、动力能源系统、可控性、防差错、感知和避让、数据链保护、电磁兼容性、抗风性、噪声、灯光、标识、使用说明书 17 个方面的技术要求及相应试验方法，作为《无人驾驶航空器飞行管理暂行条例》（国令第 761 号）的配套支撑标准，可以有效指导研制单位设计生产、规范检测机构合规检测和保障使用者安全使用，适用于除航模之外的微型、轻型和小型民用无人机。

无人机机场作为支持保障无人机的重要子系统，可以为无人机提供自动起降、驻留、能量补充、远程通信和数据处理等服务。随着无人机自主巡检的广泛普及，无人机机场的制造和应用规模不断增长，相关测试方法来评估产品的功能和性能变得至关重要。目前，行业内关于无人机机场的测试标准正在逐步制定中，测试方法和依据参考了无人机的相关标准，详见表 5-1。

表 5-1　　　　　　　　　　标准和规范

序号	标准号	标准名称
1	GB/T 191	包装储运图示标志
2	GB/T 2423.1	电工电子产品环境试验 第 2 部分：试验方法试验 A：低温
3	GB/T 2423.2	电工电子产品环境试验 第 2 部分：试验方法试验 B：高温

续表

序号	标准号	标准名称
4	GB/T 2423.3	电工电子产品环境试验　第 2 部分：试验方法试验 Cab：恒定湿热试验
5	GB/T 2423.10	环境试验　第 2 部分：试验方法试验 Fc：振动（正弦）
6	GB/T 4208	外壳防护等级（IP 代码）
7	GB/T 17626.2	电磁兼容　试验和测量技术　静电放电抗扰度试验
8	GB/T 17626.3	电磁兼容　试验和测量技术　射频电磁场辐射抗扰度试验
9	GB/T 17626.4	电磁兼容　试验和测量技术　电快速瞬变脉冲群抗扰度试验
10	GB/T17626.5	电磁兼容　试验和测量技术　浪涌（冲击）抗扰度试验
11	GB/T 17626.8	电磁兼容　试验和测量技术　工频电磁场抗扰度试验
12	GB/T 22239	信息安全技术网络安全等级保护基本要求
13	GB/T 28448	信息安全技术网络安全等级保护测评要求
14	GB 42590	民用无人驾驶航空器系统安全要求
15	DL/T 1578	架空电力线路多旋翼无人机巡检系统
16	Q/GDW 1597	国家电网公司应用软件系统通用安全要求
17	Q/GDW 10942	应用软件系统安全性测试方法
18	DL/T 1482—2015	架空输电线路无人机巡检作业技术导则

第二节　无人机机场检验检测介绍

本节主要介绍电力巡检最常见的固定式多旋翼无人机机场的测试方法，为机场的设计、制造和测试提供规范性指导。

固定式多旋翼无人机机场检测试验包括基本检查、功能检查、性能试验、环境适应性试验和电磁兼容试验。试验项目信息表见表 5-2。

表 5-2　　　　　　　　　　　试验项目信息表

序号	试　验　项　目	
1	基本检查	外观

续表

序号	试　验　项　目	
2	基本检查	尺寸
3		重量
4	功能检查	自检测性
5		环境感知
6		机构动作
7		降落引导
8		复降备降
9		储存回收
10		温湿度控制
11		无人机能量补充
12		应急供电
13		数据传输与存储
14	性能试验	无人机降落精度
15		无人机能量补充性能
16		应急供电性能
17		数据通信性能
18		运动机构可靠性
19	环境适应性试验	低温试验
20		高温试验
21		湿热试验
22		振动试验
23		盐雾试验
24		淋雨试验
25		砂尘试验
26		积冰试验

序号	试 验 项 目	
27	电磁兼容试验	静电放电抗扰度
28		辐射抗扰度
29		快速脉冲群抗扰度
30		浪涌（冲击）抗扰度
31		工频磁场抗扰度

第三节　无人机机场系统检验检测实例

本章节将针对不同的试验项目介绍具体的试验方法，包括试验条件和试验方法两部分。

一、试验条件

（一）试验设备和仪器

用于产品检验的仪器设备（包括专用设备）应经检定或校准并在有效期内。所用测试仪器应满足预期的使用要求，其测量不确定度或最大允许误差应小于被测参数最大允许误差的 1/3。所使用的主要试验设备和仪器如下：

（1）对 GPS 定位仪的要求：水平方向测量精度应小于或等于 10cm，垂直方向测量精度应小于或等于 15cm，角度测量精度应小于或等于 1°，测量间隔时间应小于或等于 0.5s。

（2）对计时器的要求：测量精度应小于或等于 0.1s。

（3）对温湿度试验箱（室）的要求一般如下：

1）试验箱（室）校准应符合 GB/T 2424.5—2021《环境试验　第 3 部分：支持文件及导则　温度试验箱性能确认》中的要求。

2）试验箱（室）温度检测系统的精度至少应为试验温度允许误差的 1/3。

3）试验箱（室）的尺寸应能保证受试设备不影响其产生和保持规定的

试验温度。试验箱（室）容积与受试设备体积之比大于或等于 30:1。

（4）试验箱（室）内空气应进行循环，但空气流动方向不应指向受试设备，并且流动速度应尽量小于受试设备附近的风速（小于或等于 1.7m/s）。不需要辅助冷却的受试设备，其周围的空气流动速度应保持与自然风产生的空气流动速度大致相同。

（5）对振动台的要求：应根据所要求的试验频率范围、低频行程（位移）以及试件和夹具的尺寸和质量来选定。

（二）试验场地

试验场地规定如下：

（1）试验场地应具备平整开阔的空间，不应影响无人机机场系统正常运行。

（2）为保证试验结果的准确性，推荐在室内场地进行；室内试验场地空间应满足无人机机场系统使用安全要求，并保证一定的净空高度。

（3）若在室外露天场地进行试验，试验空域应满足无人机机场系统使用和无人机飞行安全要求。

（三）试验环境

试验环境规定如下：

（1）温度：室内 15～35℃，室外温度应在制造商规定的工作温度范围内。

（2）相对湿度：20%～80%。

（3）气压：86～106kPa。

（4）风速：3 级以下（距地面 10m 处的风速小于或等于 5.4m/s）。

二、试验方法

（一）基本检查

（1）外观：采用目视法检查无人机机场的外观、结构、产品标志以及有无裂纹、破损或变形等。

（2）尺寸：使用测量仪器检测无人机机场闭合状态下的尺寸和停机平台

的尺寸。

（3）重量：使用称重仪器测量无人机机场空闲状态的重量。

（二）功能检查

（1）自检测性：开启无人机机场，目视法观察是否有声（光）提示自检测试通过。自检测一般应至少包括以下项目：机械控制检测；通信链路和信号检测；主备电源检测；内、外部环境感知检测；导航定位、无人机电池电量等自检项目；其他部件异常或失控情况。

以上任一项不满足要求时，系统均能发出告警提示，并限制任务执行。

（2）环境感知：在无人机机场通电运行情况下，目视法检查系统环境感知功能，检查项目应包括：具备小型气象监测装置，应自动采集并显示机场周边环境温度、湿度、雨量、风速、风向等传感器信息；具备监控摄像头，应实时显示机场内外部监控视频信息。

（3）机构动作：采用目视检查法对无人机机场上的舱盖、升降平台、自动限位装置、能量补充装置和其他机械运动部件进行逐个检验。观察各活动机构动作是否顺滑、可靠，有无松动、卡滞、短缺、变形等现象。

（4）降落引导：在室外露天场地采用目视法进行降落引导功能检测。检测步骤如下：

1）无人机机场接收到无人机返航指令后，开始执行无人机降落引导。

2）观察机场顶盖是否自动开启，无人机能否依据机场的 RTK 定位数据或视觉辅助降落标记按照厂商设计速度匀速降落至升降平台上，降落过程中观察无人机是否出现翻转、漂移、坠落等失控现象。

3）降落完成后，检查无人机实际降落位置与预设降落位置的偏差是否符合厂商规定要求。

（5）复降备降：在室外露天场地采用目视法进行复降备降功能检测。检测步骤如下：

1）无人机机场接收到无人机返航指令后，开始执行无人机降落引导。

2）采用如中断机场顶盖开启、关闭 RTK 定位设备、遮挡视觉辅助降落标志或其他适当方法，使无人机自动降落出现异常，观察无人机机场是否能自动告警并根据预设模式执行复降或降落至设定的备降点，最后观察无人机备降成功后机场是否自动关闭。

（6）降储存回收：目视法检查无人机降落后自动启动限位装置，将无人机归位到机场停机平台中心并回收至箱体内。

（7）温湿度控制：在-20～50℃环境温度下，无人机机场内部保持在规定工作温、湿度范围内连续运行1h以上，使用温湿度计测量机场内部温度和湿度，并记录数据。

（8）无人机能量补充：目视法检查无人机降落后进入自动充电或换电模式，远程控制端能够实时查看无人机能量补充或更换进度。

（9）应急供电：机场在由外部电源供电正常工作的情况下，切断外部电源后，观察机场是否自动切换至应急电源供电且无监控信号中断等现象。

（10）数据传输与存储：在室外露天场地采用目视法进行功能检测。检测步骤如下：

1）在无遮挡和强电磁干扰环境下，将无人机机场固定在室外试验场。

2）设定航线飞行任务，无人机开始自动执行飞行任务，在机场系统后台软件全程查看无人机任务载荷视频数据、机场监控视频数据以及实时测控数据显示是否正常稳定，有无卡顿、中断等异常现象。

3）无人机完成飞行任务后，读取机场自动下载并存储的飞行任务数据，检查存储的数据是否完整，查看飞行数据和任务数据是否正常。

（三）性能试验

（1）无人机降落精度：在室外露天场地进行试验。在距地面3m高、环境瞬时风速不大于5m/s条件下，控制无人机采用RTK或视觉等方式降落，使用测量仪器测量实际降落点在水平方向的偏差。

（2）无人机能量补充性能：在无人机机场正常工作状态下进行以下试验。

1）对充电型机场，将电池电量用尽的无人机连接好机场充电接触装置进行充电准备，使用计时器对开始充电到电池电量充满结束进行计时，记录机场充电接触装置为无人机电池充电时间。

2）对换电型机场，检查机场内存放无人机备换电池数量，使用计时器从换电机构起始动作开始计时，到电池更换完毕结束计时，记录无人机换电时间。

（3）应急供电性能：在无人机机场正常工作状态下进行试验。试验步骤如下：

1）将示波器连接机场电源电路，将机场外接市电断开，采集并记录市电断开到 UPS 电源供电的切换时间。

2）将 UPS 电源输出端外接电子负载，使用万用表、电流钳表、电子负载测量 UPS 电源输出功率。

3）将 UPS 电源开启，机场外接市电断开，关闭机场内环境控制装置及无人机电池充电装置，由 UPS 电源为机场供电，使用秒表计时，从 UPS 满电状态开始计时，到 UPS 电源电量报警结束计时，记录 UPS 电源的续航时间。

（4）数据通信性能：在室外露天场地进行试验。试验步骤如下：

1）在无遮挡和强电磁干扰环境下，将无人机机场固定在室外试验场，采用 GPS 定位仪记录原始位置数据。

2）以制造商规定的无人机机场最大通信距离为参数设定航线飞行任务，无人机开始自动执行飞行任务，在系统后台软件全程查看无人机机载载荷视频直播、机场外部监控视频直播以及实时测控数据是否正常，在无人机最远飞行点采用 GPS 定位仪测量无人机位置数据，计算并记录最大通信距离。

3）无人机完成飞行任务后，在系统后台查看自动上传的图片、视频及飞行数据是否正常。

（5）运动机构可靠性：在室外露天场地采用目视法进行运动结构可靠性试验，循环执行以下步骤：

1）无人机机场在正常待飞状态下接收无人机起飞指令后，机场顶盖自动开启。

2）起降平台升至起降位置。

3）无人机自主起飞后机场顶盖自动闭合。

4）无人机机场接收回收无人机指令后，机场顶盖自动开启，无人机降落至机场起降平台上并归中复位，降落过程中观察无人机是否出现翻转、偏移或坠落等失控现象。

5）无人机回收后机场顶盖自动闭合。

6）无人机机场充电或换电机构动作，开始对无人机补充电能。

上述步骤连续循环执行规定次数，在测试期间以及结束后观察机场内运动部件是否有动作中断、卡顿或其他故障情况，并进行记录。

（四）环境适应性

1．低温

（1）无人机机场通电，进行初始检测，记录检测结果。检测内容包括外观检验和基本功能检验，其中基本功能检验一般应包含自检测性、环境感知、机构动作功能的检验。

（2）初始检测结束后，将机场关闭电源放入环境试验箱，以不大于3℃/min降温至−40℃或制造商规定的最低贮存温度，达到温度稳定后，贮存48h。

（3）以不大于3℃/min升温至−20℃或规定的最低工作温度，达到温度稳定后，保温8h。

（4）对无人机机场通电检测，检测内容同初始检测，保持设备通电工作2h，期间对机场进行中间检测，检测内容同初始检测，记录检测结果。

（5）以不大于3℃/min恢复到常温，达到温度稳定后保持2h，对机场进行最终检测，检测内容同初始检测，记录检测结果。

（6）机场在初始检测、中间检测和最终检测应均能保持功能正常、外观无异常。

2．高温

（1）无人机机场通电，进行初始检测，记录检测结果。检测内容包括外观检验和基本功能检验，其中基本功能检验一般应包含自检测性、环境感知、机构动作功能的检验。

（2）初始检测结束后，将机场关闭电源放入环境试验箱，以不大于 3℃/min 升温至 50℃或制造商规定的最高贮存温度，达到温度稳定后，贮存 48h。

（3）以不大于 3℃/min 降温至 40℃或制造商规定的最高工作温度，达到温度稳定后，保温 8h。

（4）对无人机机场通电检测，检测内容同初始检测，保持设备通电工作 2h，期间对机场进行中间检测，检测内容同初始检测，记录检测结果。

（5）以不大于 3℃/min 恢复到常温，达到温度稳定后保持 2h，对机场进行最终检测，检测内容同初始检测，记录检测结果。

（6）机场在初始检测、中间检测和最终检测应均能保持功能正常、外观无异常。

3．湿热

（1）无人机机场通电，进行初始检测，记录检测结果。检测内容包括外观检验和基本功能检验，其中基本功能检验一般应包含自检测性、环境感知、机构动作功能的检验。

（2）初始检测结束后，将机场关闭电源放入环境试验箱，试验箱内温度设为 23℃±2℃、相对湿度为 50%±5%，并保持 2h。

（3）以不大于 3℃/min 的速率进行升温和加湿，调节试验箱至温度 40℃、相对湿度为 95%，保持恒定湿热 48h。

（4）当保持恒定湿热阶段接近结束时，对机场进行中间检测，检测内容同初始检测。

（5）将试验箱内环境恢复至正常的大气条件，达到温度稳定后保持 2h，对机场进行最终检测，检测内容同初始检测，记录检测结果。

（6）机场在初始检测、中间检测和最终检测应均能保持功能正常、外观无异常。

4．运输振动

机场运输振动试验按照振动台随机振动环境进行试验。试验量值以实测值为准，若无实测值可按照表 5-3 进行。

表 5-3　　　　　　　　　　　　　运输振动试验条件

坐标轴名称	频率（Hz）	功率谱密度（W/Hz）
垂直轴 Y	10	0.015
	40	0.015
	500	0.00015
横侧轴 Z	10	0.00013
	20	0.00065
	30	0.00065
	78	0.00002
	79	0.00019
	120	0.00019
	500	0.00001
纵向轴 X	10	0.0065
	20	0.0065
	120	0.0002
	121	0.003
	200	0.003
	240	0.0015
	340	0.00003
	500	0.00015

（1）将机场通过专用夹具直接固定在振动台工作台面上，并安装传感器，其中将控制传感器安装在机场与夹具的连接处附近，监测传感器安装在受试设备上。实验前应对机场进行全面的外观检查，其任何内部或外部部件均不得出现明显的结构损坏。

（2）使机场处于不工作状态，按选定的试验量值和谱形对机场进行随机振动试验。试验轴向采用 X、Y、Z 三个轴向，每个轴向依次进行试验。每轴向试验时间以货车或卡车每进行 1600km 公路运输，振动持续时间为 60min 计算。

（3）振动试验结束后，需再次对机场进行全面的外观检查，并按有关技术文件规定记录检测结果。

5．盐雾

盐雾试验按照 IEC 60068-2-11《电工电子产品环境试验　第 2 部分：试验方法　试验 A：低温》中的试验方法执行。

6．淋雨

（1）将无人机机场通电，进行初始检测，记录检测结果。检测内容包括外观检验和基本功能检验，其中基本功能检验一般应包含自检测性、环境感知、机构动作功能的检验。

（2）将机场关闭电源后放置在淋雨试验装置正下方，其受试面与喷嘴的距离应大于或等于 500mm，在受试设备横截面每 $0.56m^2$ 的范围内至少有 1 个喷嘴，且相邻的 2 个喷嘴对受试设备的喷淋要达到喷淋网的交叠，以确保受试设备的每个部位都在喷淋的覆盖范围内。

（3）按照制造商规定的试验条件对机场进行试验，如无相关规定，推荐按以下试验条件进行试验：雨滴直径 2～4.5mm，喷嘴压力不小于 375kPa，对机场各个方向（除底面）进行喷水，每个方向喷 5min，喷水总时间不小于 25min。

（4）试验结束后，对机场进行最终检测，检测内容同初始检测，记录检测结果。机场内部带电部分应无水积聚，系统应工作正常，外观无异常。

7．砂尘

（1）将无人机机场通电，进行初始检测，记录检测结果。检测内容包括外观检验和基本功能检验，其中基本功能检验一般应包含自检测性、环境感知、机构动作功能的检验。

（2）将机场关闭电源后放置在砂尘试验箱内，受试表面与砂尘喷射口的距离至少为 3m，按照制造商规定的试验条件进行吹尘试验，如无相关规定，推荐按以下试验条件进行试验：试验箱内温度设为 25℃±2℃，相对湿度小于或等于 30%，风速保持在 2.4～8.9m/s 范围内，尘浓度控制在 $3.5～8.8g/m^3$ 范围内，试验时间至少为 30min。

（3）按照制造商规定的试验条件进行吹砂试验，如无相关规定，推荐按以下试验条件进行试验：试验箱内温度设为 25℃±2℃，相对湿度小于或等于 30%，风速保持在 18~29m/s 范围内，砂浓度控制在 0.18g/m³+0.2g/m³，试验时间至少为 30min。

（4）试验结束后，试验箱停止吹砂尘，待试验箱内的砂尘沉降下来后，将机场从试验箱中取出，清除积聚在机场表面的砂尘，注意避免多余砂尘进入设备内部。

（5）对机场进行最终检测，检测内容同初始检测，记录检测结果。

8．积冰

（1）将无人机机场通电，进行初始检测，记录检测结果。检测内容包括外观检验和基本功能检验，其中基本功能检验一般应包含自检测性、环境感知、机构动作功能的检验。

（2）将机场放入试验箱，温度稳定在 0℃±2℃，均匀喷洒预冷水 1h，允许水渗入机场的缝隙/开启口。

（3）调节试验箱内温度至−10℃或制造商规定的最低工作温度，并保持水的喷洒速率直至机场表面堆积的冰达到要求的厚度。

（4）保持试验箱内温度稳定至少 4h 使积冰硬化。

（5）若制造商规定允许除冰则对机场进行除冰，并记录除冰效果。

（6）对机场通电进行中间检测，检测内容同初始检测，记录检测结果。

（7）将试验箱内环境恢复至正常的大气条件，达到温度稳定后保持 2h，对机场进行最终检测，检测内容同初始检测，记录检测结果。

（8）机场在初始检测、中间检测和最终检测应均能保持功能正常、外观无异常。

（五）电磁兼容性

1．静电放电抗扰度试验

按照 GB/T 17626.2—2018《电磁兼容　试验和测量技术　静电放电抗扰度试验》进行静电放电抗扰度试验。

（1）试验端口：外壳端口。

（2）试验等级：4级；空气放电：15kV；接触放电：8kV。

（3）试验次数：正负极性各10次。

（4）试验位置：

1）空气放电：外壳缝隙。

2）接触放电：锁芯、金属扳手、固定螺钉、垂直耦合板、水平耦合板。

（5）试验间隔：1s。

（6）判定要求：试验过程中和试验结束后，机场指示灯应常亮；管控系统应能控制机场开关机、机场舱门正常开关；管控系统应能控制无人机开关机，无人机开关机应正常（无人机开机指示灯亮，无人机关机指示灯灭）。

2．射频电磁场辐射抗扰度试验

按照 GB/T 17626.3—2016《电磁兼容　试验和测量技术　射频电磁场辐射抗扰度试验》进行射频电磁场辐射抗扰度试验。

（1）试验端口：外壳端口。

（2）试验等级：3级。

（3）试验场强：10V/m。

（4）频率范围：80~1000MHz。

（5）调制方式：正弦波1kHz，80%幅度调制。

（6）驻留时间：1s。

（7）频率步进：当前频率的1%。

（8）天线极化方向：水平/垂直。

（9）判定要求：试验过程中和试验结束后，机场指示灯应常亮；管控系统应能控制机场开关机、机场舱门正常开关；管控系统应能控制无人机开关机，无人机开关机应正常（无人机开机指示灯亮，无人机关机指示灯灭）。

3．电快速瞬变脉冲群抗扰度试验

按照 GB/T 17626.4—2018《电磁兼容　试验和测量技术　电快速瞬变脉冲群抗扰度试验》进行电快速瞬变脉冲群抗扰度试验。

（1）试验端口：电源端口。

（2）试验等级：3级。

（3）试验电压：2kV。

（4）持续时间：分别包含1min的正极性脉冲群和1min的负极性脉冲群。

（5）上升时间/持续时间：5/50ns。

（6）重复频率：5kHz。

（7）判定要求：试验过程中和试验结束后，机场指示灯应常亮；管控系统应能控制机场开关机、机场舱门正常开关；管控系统应能控制无人机开关机，无人机开关机应正常（无人机开机指示灯亮，无人机关机指示灯灭）。

4．浪涌（冲击）抗扰度试验

按照GB/T 17626.5—2019《电磁兼容 试验和测量技术 浪涌（冲击）抗扰度试验》进行浪涌（冲击）抗扰度试验。

（1）试验端口：电源端口。

（2）试验等级：3级。

（3）试验电压：线对线1kV、线对地2kV。

（4）冲击次数：正负极性各5次。

（5）试验角度：0°、90°、180°、270°。

（6）重复频率：1次/min。

（7）判定要求：试验过程中和试验结束后，机场指示灯应常亮；管控系统应能控制机场开关机、机场舱门正常开关；管控系统应能控制无人机开关机，无人机开关机应正常（无人机开机指示灯亮，无人机关机指示灯灭）。

5．工频磁场抗扰度试验

按照GB/T 17626.8—2006《电磁兼容 试验和测量技术 工频磁场抗扰度试验》标准进行试验。

（1）试验端口：外壳端口。

（2）试验等级：4级。

（3）磁场强度：稳定持续磁场 30A/m，3min（短时磁场 300A/m，3s）。

（4）磁场方向：X、Y、Z 三个互相垂直的方向。

（5）判定要求：试验过程中和试验结束后，机场指示灯应常亮；管控系统应能控制机场开关机、机场舱门正常开关；管控系统应能控制无人机开关机，无人机开关机应正常（无人机开机指示灯亮，无人机关机指示灯灭）。

第六章

无人机机场智能巡检关键技术

第一节 防 护 技 术

鉴于无人机机场巡检作业的工作性质，机场需长期置于户外，所处工作环境复杂多变，为保护机场中的无人机正常工作以及内置电气元件的安全性，机场对水和尘的防护要求较为严格，通常要求防护等级至少达到 IP54。

机场舱门的开和关对应无人机的放飞和回收，是机场的主要运动机构，也是机场最难防护的地方。目前市面上出现的机场开舱方式有许多种，如塞拉门式、翻盖式、单侧开门抽屉式、平推式、滚筒式等。任何样式的开门方式，其最终的防护措施大同小异，多是以外壳压缩胶条来实现密封。从目前的市面上出现的产品来看，塞拉门式和单侧开门抽屉式的开关舱方式，能够更好地实现密封防护，处理好装配细节的情况下，其防护等级可以达到 IP55甚至更高。

除此之外，多数机场还对电气控制板卡做单独防护，以保证核心元件稳定的运行环境。目前常用 PCB 板卡防护方式为灌封防水、三防漆涂层防水、纳米涂层防水等（见图 6-1）。

（1）灌封防水一般采用环氧树脂灌封胶对整个电路板进行包裹封装，从而对电路板进行全方位的保护，能够起到防水、防尘、抗震、抗冲击力的作用。但该防护措施会影响电路板的散热，应用范围受到一定限制，而且电路板损坏后几乎无法返修。

(a)

(b)

(c)

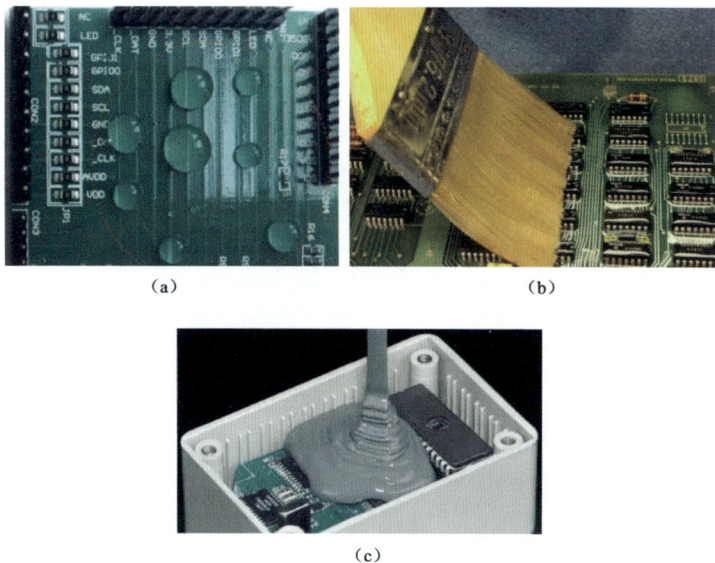

图 6-1 PCB 板卡防护

（a）灌封防水；（b）三防漆涂层防水；（c）纳米涂层防水

（2）三防漆是电路板上涂抹覆盖的一层胶膜，用于防水、防尘、防盐雾等，能够起到最基本的防护作用。

（3）纳米涂层是一种纳米新材料，可在电路板表面覆盖出一张极薄的网，具有疏水功能，形成荷叶效应，做到有效防水，而且散热性能好，不影响导电，防水可以达到 IP55。

第二节 无人机视觉精降技术

无人机视觉精降技术是指无人机执行航线任务结束后，返航至机场上方时，通过实时获取并实时识别无人机获取的机场视觉标识图像，实时计算出无人机与视觉降落标志的相对位置关系，根据获取的位置姿态数据，通过无人机飞控系统控制位置姿态调整，实现无人机自主精准降落（见图 6-2）。

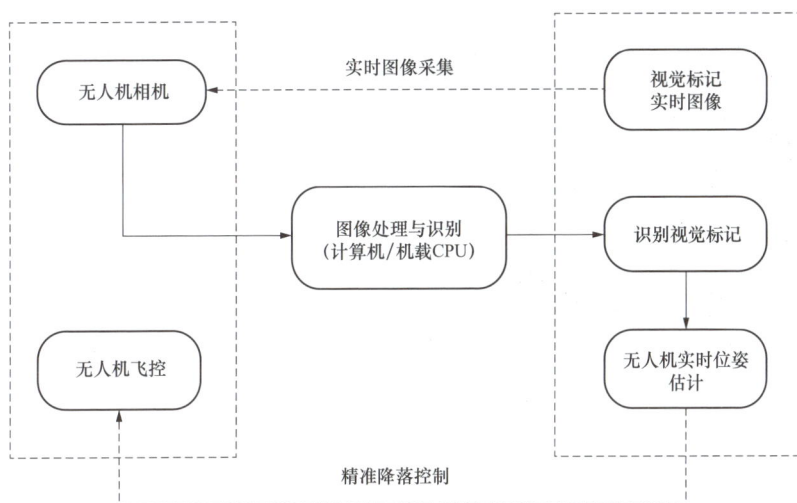

图 6-2 视觉精降流程

一、视觉降落标志

（一）ArUco 标志

ArUco 标记（ArUco marker）是一个开源的增强现实库，由西班牙科尔多瓦大学的 A.V.A（Application of Artificial Vision）团队开发并维护，广泛用于相机的视觉标定、位姿估计及作为视觉降落标记等。在无人机视觉引导降落的实际使用中，往往采用一个或多个 ArUco 嵌套的方式，实现不同高度下无人机的位置解算，从而保证无人机精准降落（见图 6-3 ～ 图 6-5）。

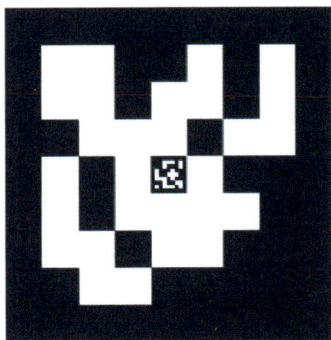

图 6-3 ArUco 标定板

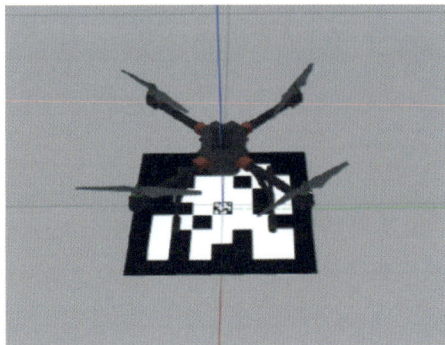

图 6-4 ArUco 嵌套视觉标记

77

图 6-5 基于 ArUco 无人机视觉降落

（二）Apriltag 标志

Apriltag 是一个纯 C 的视觉基准系统，没有外部依赖关系，被设计为易包含在其他应用中及可移植到嵌入式设备中，可用于各种任务，包括 AR、机器人和相机校准，因此 Apriltag 广泛应用于相机视觉标定、3D 位置计算、视觉引导等。除此之外，不同尺寸 Apriltag 标志嵌套使用，可以实现不同高度的位置计算及视觉引导降落，因此广泛应用于无人机精准降落控制中，用于实时解算无人机的位置姿态数据，并根据解算的位置姿态数据，通过无人机飞控实现无人机的位置姿态调整（见图 6-6）。

图 6-6 Apriltag 标志嵌套降落标记

（三）其他视觉标志

除上文介绍的 ArUco 和 Apriltag 标记外，经常使用的标记还有 H 形视觉标记、同心圆环嵌套标记、嵌套三角形图案标记等（见图 6-7）。针对上述提到的地标检测，则没有固定的视觉识别库，需要自己设计地标检测方案，目前常用的是基于轮廓的特征检测方法，常用到的算法为优洛（YOLO）系列算法，可实现各类视觉标记的高效快速检测及位置姿态计算。

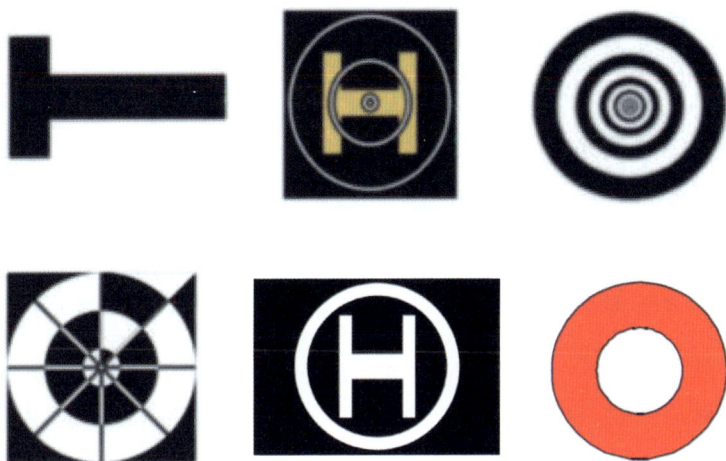

图 6-7　视觉识别标志

二、无人机位置解算

建立如图 6-8 所示相机投影模型，相机投影模型主要包含的坐标系有：世界坐标系、相机坐标系、像素坐标系及图像坐标系。

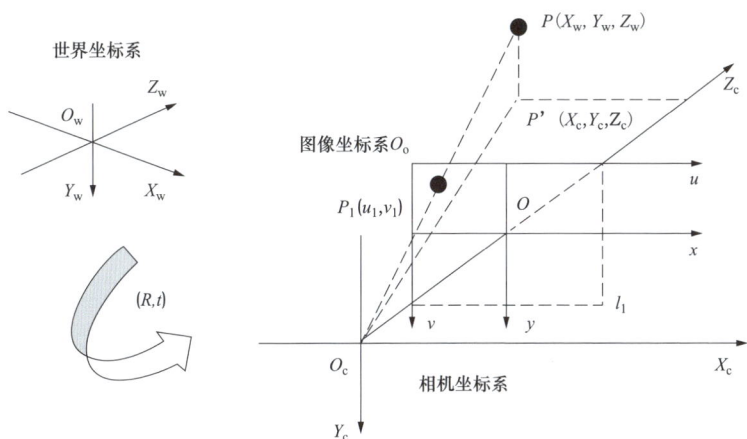

图 6-8　机投影模型

（1）世界坐标系：表示无人机在真实场景中的位置，可按需定义，坐标用 (X_w, Y_w, Z_w) 表示，单位为物理长度单位，如 mm。

（2）相机坐标系：以镜头光心为原点，X_c 与 Y_c 轴分别平行于图像的水平方向与竖直方向，而 Z_c 轴则平行于光轴，坐标用 (X_c, Y_c, Z_c) 表示，单位为物理长度单位，如 mm。

（3）像素坐标系：以图像顶点为原点，u 与 v 轴分别平行于图像的水平与竖直方向，坐标用 (u, v) 表示，单位为像素。

（4）图像物理坐标系：以图像与光轴的交点为原点，坐标用 (x, y) 表示，单位为物理长度单位，如 mm。

在实际应用时，根据一系列三维点和图像二维点之间的对应关系，可获取无人机相对于视觉标记位置和姿态信息。

对于世界坐标系中某个坐标为 (X_w, Y_w, Z_w) 的三维空间点 P，利用相机旋转矩阵 R 和平移向量 t 可将其转换为相机坐标系下的点 $P'(X_c, Y_c, Z_c)$。

$$\begin{bmatrix} X_c \\ Y_c \\ Z_c \\ 1 \end{bmatrix} = \begin{bmatrix} R & t \\ 0^T & 1 \end{bmatrix} \begin{bmatrix} X_w \\ Y_w \\ Z_w \\ 1 \end{bmatrix}$$

根据张正友相机标定法可得到相机内参 M，将点 P' 投影至图像 I_1 后，可得到图像特征点坐标向量 $[u_1 \quad v_1 \quad 1]^T$，即

$$Z_c \begin{bmatrix} u_1 \\ v_1 \\ 1 \end{bmatrix} = M \begin{bmatrix} X_c \\ Y_c \\ Z_c \\ 1 \end{bmatrix}$$

其中，$M = \begin{bmatrix} f_x & 0 & u_0 & 0 \\ 0 & f_y & v_0 & 0 \\ 0 & 0 & 0 & 0 \end{bmatrix}$，$f_x$ 为相机 x 方向的焦距，f_y 为相机 y 方向的焦距，为主点坐标 (u_0, v_0)。

通过数学计算可获取相机旋转矩阵 R 和平移向量 t，获取相机坐标系下

视觉标记相对于无人机的位置信息。

$$\begin{bmatrix} X_c \\ Y_c \\ Z_c \end{bmatrix} = \boldsymbol{R} \times \begin{bmatrix} X_w \\ Y_w \\ Z_w \end{bmatrix} + \boldsymbol{t}$$

通过数学计算可获得视觉标记坐标系中无人机的位置信息。

$$\begin{bmatrix} X_w \\ Y_w \\ Z_w \end{bmatrix} = \boldsymbol{R}^{-1} \times \left\{ \begin{bmatrix} X_c \\ Y_c \\ Z_c \end{bmatrix} - \boldsymbol{t} \right\}$$

三、无人机飞控控制

根据实时解算的无人机位置姿态数据，通过与无人机飞控返回的当前时刻的位置姿态数据进行数据融合，获取实时导航信息，实现无人机水平方向和竖直方式的位置速度调整，最终实现无人机的自主精准降落（见图 6-9）。

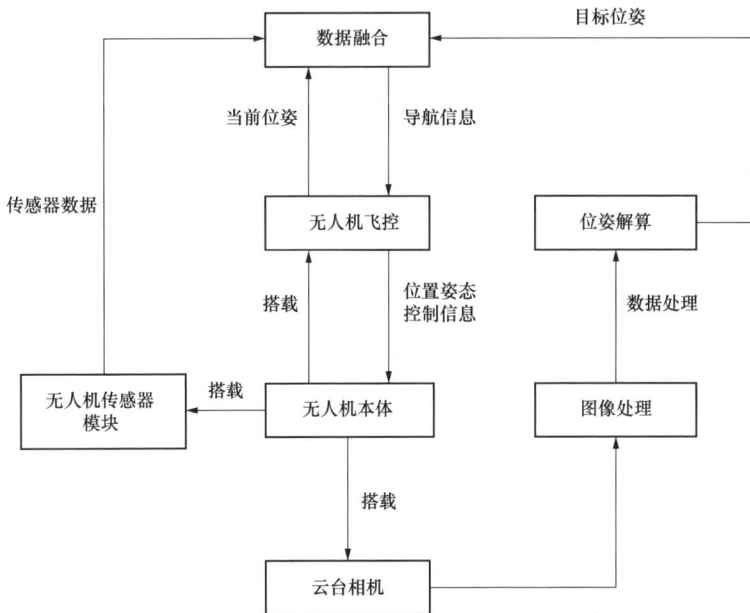

图 6-9　无人机飞行控制流程

第三节　图像数据采集技术

一、多传感器数据采集技术

无人机多传感器数据采集技术包括传感器及其姿态控制技术，传感器定标及数据传输储存技术，紫外、红外、可见光、云数据后处理智能诊断技术，系统集成技术等，主要用于完成激光点云以及可见光、红外、紫外影像数据的获取。

激光点云实际上就是获取一个三维坐标（包括位置、距离、时间、方位/角度、回波、强度），是利用激光在同一空间参考系下获取物体表面，每个采样点的空间坐标，得到的是一系列表达目标空间分布和目标表面特性的海量点的集合，这个点集合就称之为"点云"（point cloud）。

激光点云数据应用基于激光点数据的杆塔和导线提取算法，获取导地线和杆塔的地理参考信息（包括位置、距离、时间、方位/角度、回波、强度数据），具有较大的点云密度、较高的数据精度、离散随机性、分布不均匀性的特点。激光点云数据主要分为差分 GPS、IMU 数据和激光扫描测距数据、GPS 数据和 IMU 数据三类。其中，IMU 数据不依赖任何外界信息，自主导航，可连续长时间工作，提供多种导航信息，提供水平及方位基准，精度高；GPS 数据定位精度高，能够进行全球、全天候、全天时、多维连续定位，精度不随时间变化。

可见光影像数据用于检测电力线路外观缺陷及环境导通状况。

红外影像数据用于检测温度异常情况，可检测出局部及导线接头异常发热等缺陷。红外影像数据表征目标的温度分布，但相对可见光影响数据来说无彩色，分辨率低，但用人眼的话分辨力差，需要借助智能识别算法分析相关数据。

紫外影像数据用于结合可见光影像数据，可快速识别异常放电部位，确定缺陷情况，具有探测距离远、非接触、灵敏度高、定位精确、不与设备接触、不需中断电网运行、不受高频干扰、响应速度快、大面积检测、效率高的特点。

多传感器数据采集系统主要由三维激光扫描仪、可见光影像传感器、红外影像传感器、紫外影像传感器等组成。其中三维激光扫描仪用于获取道路及道路两侧地物表面的三维坐标；可见光影像传感器通过获取线路区域的高分辨图像，实现对线路的运行状况和沿线环境状况进行有效诊断；红外影像传感器收集温度高于绝对零度的物体发出的辐射能，通过重新排列来自探测器信号形成与劲舞辐射分布相对应的热图像；紫外影像传感器利用特殊的仪器接受放电产生的紫外线信号，经过成像和可见光图像的叠加，进一步为评价设备的运行情况提供依据。

二、倾斜摄影技术

无人机倾斜摄影系统由无人机、高精度多角度测量相机、地面站组成。通过地面站可完成无人机航测飞行的航高、飞行速度等飞行参数的设置，同时可实时查看无人机的飞行状态，通过在同一飞行平台上搭载多台传感器，同时从一个垂直、四个倾斜五个不同的角度采集影像，获取到丰富的建筑物顶面及侧视的高分辨率纹理。它不仅能够真实地反映地物情况，获取高精度的地物纹理信息，还可通过先进的定位、融合、建模等技术，生成真实的三维城市模型。通过多镜头相机多角度采集信息，配合控制点或图像 POS 信息，图像上每个点都会有三维坐标信息，同时基于图像数据可对任意点线面进行量测，获取厘米级的测量精度并自动生成三维地理信息模型。

无人机倾斜摄影建模流程主要为野外像控点布置、外业数据采集、内业数据处理以及三维模型构建。其中，外业数据采集要根据作业区域地貌特征、相控点布设和航拍路径规划。

其中外业数据采集主要包括三个部分，第一利用无人机进行航飞获取 POS 数据和原始影像数据；第二对获取的影像数据进行质量检查，确保符合规范要求；第三利用像控点和检查点对数据精度进行检查，为后期三维建模提供数据支持。

三维实景建模包含四个部分，一是对数据进行空中三角测量，获取影像的外方位元素。空中三角测量计算是倾斜摄影建模的核心步骤，包含影像特征点提取、同名特征点匹配、影像外方位元素反算等步骤。二是利用实景建模软件 Context Capture 进行建模，包括多视影像密集匹配可获得高密度数字点云、构建不规则三角网模型（TIN 模型）、自动纹理切片映射等。三是对形成的三维实景模型进行修饰，如区域漏空、变形等，同时利用点位测量信息对模型进行质量检查。四是对模型修饰完毕和质量检查合格后，形成城市三维实景模型最终成果。

总的来说，无人机倾斜摄影技术不仅能够真实地反映地物情况，无需大量耗费人力物力，而且可通过先进的定位技术嵌入精确的地理信息，拾取更丰富的影像数据信息。

第四节　可见光/红外图像缺陷识别技术

线路巡检是保障电网系统安全稳定运行的重要措施，新型的巡检方式会采集到大量的可见光和红外图像数据，这些图像通常覆盖线路上的关键设备。基于可见光图像的缺陷识别技术可以检测出设备外部形态存在的缺陷，基于红外图像的缺陷识别技术可以定位出设备内部存在的发热缺陷，二者结合可全方位保障电网的安全运行，代替人工巡检工作并及时发现线路上的设备故障，解决电力线路巡检工作条件艰苦、劳动强度大、线路的运行情况无法及时反馈等问题，与机场配合实现自主巡检，提高巡检效率。

一、基于可见光图像的缺陷识别技术

基于深度学习的可见光图像缺陷识别算法在特征提取模块中使用卷积神经网络，并使用显卡和批处理（batch size）进行加速训练。相较于传统目标检测算法，基于卷积神经网络的目标检测算法具有更为强大的性能，因而广泛应用于图像识别领域。为提高缺陷检测精度，采用 R-CNN 系列的二阶段检测算法，在检测时先生成目标候选域，再对候选域预测分类识别目标。

（一）R-CNN

基于候选区域的卷积神经网络（R-CNN）算法，是由 Ross Girshick 等人于 2014 年提出的，开创性地将深度学习应用到目标检测上，其处理过程如图 6-10 所示，主要包含以下四个步骤：

（1）使用选择性搜索对输入图像提取约 2000 个尺寸不同、形状各异的候选区域。

（2）将候选区域形变为网络输入需要的固定形状，并利用卷积神经网络提取每个候选区域的特征图。

（3）将特征图与类别标签联合，然后通过多个分类器来进行分类。

（4）将特征图与位置标签联合，通过线性回归模型预测真实边界框。

显然，在 R-CNN 算法中，计算机在对图像的所有候选区域进行特征提取时会有重复的卷积计算，这极大地限制了算法的运行速度。

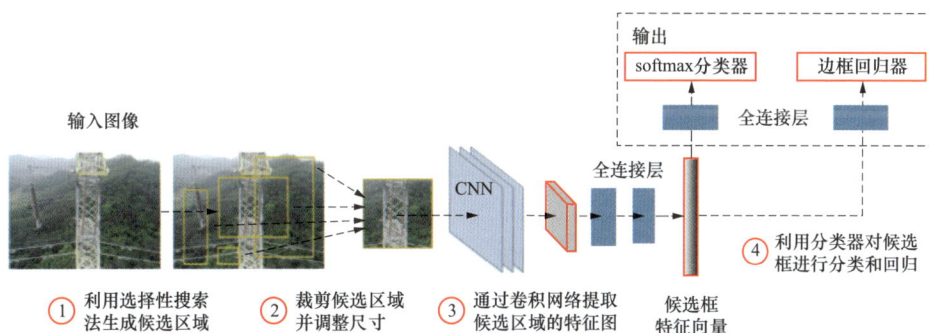

图 6-10　R-CNN算法流程图

（二）Cascade-RCNN

在目标检测中，需要一个交并比（IOU）阈值来定义物体正负标签。使用低 IOU 阈值（例如 0.5）训练的目标检测器通常会产生噪声检测。然而，随着 IOU 阈值的增加，检测性能趋于下降。影响这一结果的主要因素有两个：①训练过程中由于正样本呈指数级消失而导致的过度拟合；②检测器为最优的 IOU 与输入假设的 IOU 之间的推断时间不匹配。针对这些问题，提出了一种多级目标检测体系结构——级联 R-CNN。它由一系列随着 IOU 阈值的提高而训练的探测器组成，以便对接近的假阳性有更多的选择性。探测器是分阶段训练的，利用观察到的探测器输出是训练下一个高质量探测器的良好分布。逐步改进的假设重采样保证了检测器的正训练集大小相等，从而避免了过拟合问题。同样的级联程序应用于推理，使假设与每个阶段的检测器质量之间能够更紧密地匹配。Cascade R-CNN 在检测器体系结构中具有广泛的适用性，独立于基线检测器强度获得了一致的增益。

将级联深度网络 Cascade-RCNN 与深度残差网络 ResNet 进行融合，提升网络学习的深度，提取图像中目标物体的深层特征。先识别出设备所在的位置区域，再对区域内缺陷进行分类，从而提高缺陷诊断精度。可见光缺陷识别示例图如图 6-11 所示。

（a）

（b）

（c）

（d）

图 6-11　可见光缺陷识别示例图（一）

（a）鸟巢异物；（b）杆塔缺螺栓；（c）导地线断股；（d）绝缘子自爆

（e）　　　　　　　　　　　　　　　（f）

（g）　　　　　　　　　　　　　　　（h）

图 6-11　可见光缺陷识别示例图（二）

（e）防震锤脱落；（f）螺母安装不规范；（g）杂物堆积；（h）标识牌模糊

二、基于红外图像的缺陷识别技术

无人机巡检获取的红外图像中，部分图像存在部件模糊、遮挡等情况，通过图像质量评价、图像预处理等技术提高红外图像质量，进而构建高质量的红外图像样本库。红外图像记录设备的温度信息，通过目标识别/分割技术定位到设备区域，对设备区域内温度信息进行提取和分析，可判定电力设备内部是否存在发热缺陷。由于温度分析结果极易受红外图像中的背景信息影响，需对设备所在区域进行精准的像素级定位，将设备目标从背景中分离出来。红外缺陷识别流程图如图 6-12 所示。

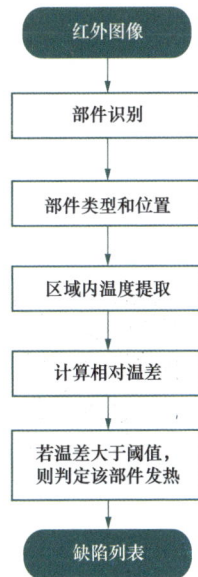

图 6-12　红外缺陷识别流程图

基于深度学习的分割主流算法主要有 DeepLab、DeconvNet、SegNet、

PSPNet、Mask-RCNN 等。

Mask R-CNN 是在 Faster R-CNN 结构基础上提起出的，嵌入了 FCN 语义分割模块，主要包含以下 3 个部分：

（1）主干网络。在 Mask R-CNN 模型里采用 ResNet50/101+FPN 模型作为主干网络，运用了表达能力较好的算法进行特征提取，并且采用特征金字塔网络进行多尺度数据的提取。

（2）区域推荐网络（region proposal network，RPN）。Mask R-CNN 中仿照 Faster R-CNN 中的 RPN 网络没有进行修改，只是将 FPN 网络与 RPN 网络结合起来。

（3）感兴趣区域校正（region of interest align，RoIAlign）。Mask R-CNN 采用 RoIAlign 技术选取感兴趣区域。RoIAlign 的输出是由候选区域映射得出尺寸固定的特征图，这也是 Mask R-CNN 网络的创新点之一。RoIAlign 舍弃了量化运算，运用双线性插值函数，得到像素点上的灰度大小，将整个特征聚集过程连续化。

获取到电力部件的像素级位置区域后，调用大疆/道通的温度分析软件开发工具包（software development kit，SDK），获取设备区域内每个像素点的温度值，进而计算最高温度、最低温度、平均温度、温差等温度信息；根据温差和最高温度判别是否存在温度异常，并根据设定不同级别缺陷阈值，判定缺陷级别，业务系统根据算法反馈的温度异常预警可进行人工审核并最终确认是否存在缺陷。红外图像缺陷识别效果如图 6-13 所示。

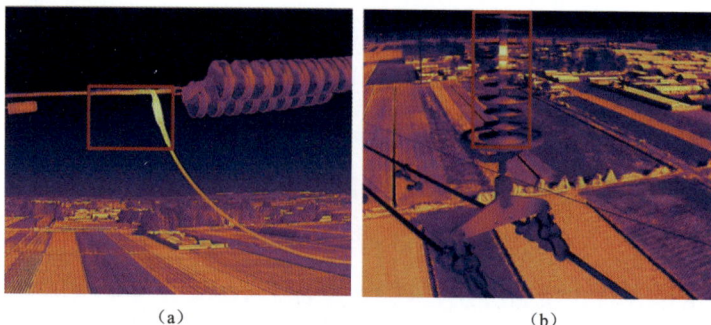

（a）   （b）

图 6-13   红外图像缺陷识别效果

（a）复合绝缘子发热；（b）压接套管发热

第五节 远程数据通信及定位技术

一、无人机通信技术

随着无人机机场及无人机的智能化作业、技术的不断发展，无线通信技术成了无人机系统中不可或缺的一部分，利用无线通信技术可以实现无人机与地面站、无人机与其他无人机之间的信息传输。

（一）无线通信技术

无线通信技术是指利用无线电波在空气中传输信息的技术，具有灵活性和可扩展性。无线通信技术按照传输距离可以分为短距离无线通信和长距离无线通信技术，常见的短距离无线通信技术包括蓝牙、Zigbee、Wi-Fi 等，长距离无线通信技术包括 LoRa、NB-IoT 等。

无人机通信中常用的无线通信技术包括 2.4GHz 和 5.8GHz 的无线通信协议，可以实现高清视频和图像的传输，还可以应用于无人机编队飞行、无人机遥感测绘等领域，提高无人机系统的作业效率和精度。后续随着 5G 技术的普及，未来无人机通信将会向高速、低延时的方向发展。

（二）MQTT 通信协议

物联网（internet of things，IoT）是指通过互联网连接和交互的各种物理设备，它们搭载传感器、软件和网络连接，能够实现数据交换和远程控制。在物联网中，设备之间的通信是至关重要的，而消息队列遥测传输（message queuing telemetry transport，MQTT）协议就是物联网通信中的关键技术之一。

MQTT 协议是一种轻量级的、基于发布/订阅模式的消息传输协议。它最初由 IBM 开发，旨在解决低带宽、不稳定网络环境下的设备间通信需求。MQTT 协议具有以下特点：

（1）轻量级：MQTT 协议的设计非常精简，协议头部开销小，适合在资源受限的设备上使用，如传感器、嵌入式系统等。

（2）发布/订阅模式：MQTT 采用发布/订阅模式，消息的发送者称为发布者（publisher），消息的接收者称为订阅者（subscriber）。发布者将消息发布到特定的主题（topic），而订阅者可以选择性地订阅感兴趣的主题，从而接收相关的消息。

（3）异步通信：MQTT 协议采用异步通信方式，发布者和订阅者之间的通信是非阻塞的。这意味着设备可以同时进行其他任务，而不必等待通信完成。

（4）可靠性：MQTT 支持消息的可靠传输，它提供了三种服务质量等级（quality of service，QoS）：QoS 0、QoS 1 和 QoS 2。QoS 0 是最低级别的服务，消息可能会丢失；QoS 1 和 QoS 2 提供了不同程度的消息传输可靠性，但会增加网络开销。

无人机机场智能巡检系统则利用 MQTT 通信协议，实现无人机机场任务数据的下发、实时数据采集及上报回传，实现了机场及无人机的智能化巡检作业，大大提高了巡检效率。

二、差分定位技术

无人机导航技术主要用于提高无人机的定位精度和导航稳定性，实现无人机的自主飞行和智能控制，提高任务成功率，减少失败的风险。目前无人机主要用的导航定位技术是基于 GPS 的差分定位技术。

全球卫星定位系统（GPS）是一种让用户在全球范围内定位、导航和定时的技术。它依据 GPS 卫星和地面控制站来为用户提供准确的三维定位信息。GPS 定位技术是应用最为广泛的一种无人机导航定位技术，具有定位准确、数据稳定、成本低廉等优点。但是，GPS 信号易受天气、地形等因素干扰，对于室内或某些复杂环境无法使用。

RTK 定位是一种高精度定位技术，在现代测量和大地测量领域中得到广泛应用。RTK 的全称是实时动态差分定位技术（real-time kinematic），是差分 GPS 技术的一个升级版。RTK 定位系统利用全球卫星导航系统（GNSS）接收卫星信号，采用了更加先进的数字信号处理技术，高效解算信号，实现了更高的定位精度（见图 6-14）。

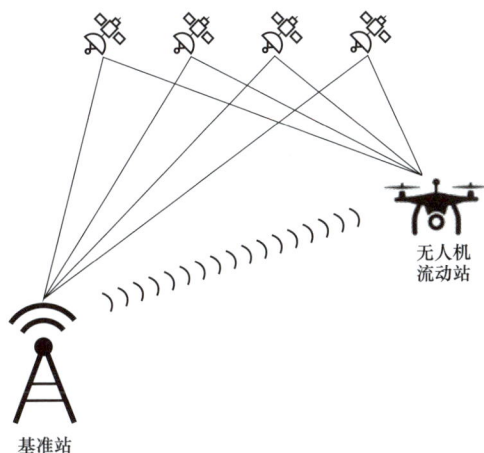

图 6-14　RTK 差分定位

RTK 定位技术的核心是差分 GPS 或 GNSS。差分 GPS 的基本思路是通过比较基准站和测量点的信号差距，计算卫星信号需要的更正量。RTK 定位技术在差分 GPS 基础上实现精度的提升。RTK 系统需要一个基准站和一个或多个流动站。基准站和流动站采集卫星信号并送入接收机。基准站通过测量自身位置，明确卫星信号的误差和偏移量，并控制流动站的信号发送。流动站也可以接收自身位置，然后和基准站比较来计算出相对原点的位置。

由于 RTK 定位技术精度高、实时性强、可靠性高等优点，因此无人机采用 RTK 实现精准定位，无人机端搭载 RTK 定位模块，当机载端 RTK 在固定解状态时，定位精度可以达到厘米级别，可实现航线航点的精准定位，实现无人机的高空自主巡检作业，完成精准数据采集。

第六节　障碍物探测与主动绕障技术

一、无人机障碍物探测方法

无人机避障系统是实现自动化乃至智能化的关键环节，完善的自主避障系统将能够在很大程度上减少因操作失误造成的无人机损坏、伤及人身和建筑物的事故发生率。传统的避障技术以超声避障、红外避障、激光雷达避障以及视觉避障为主。

超声避障的原理是在无人机上加装定向的超声波发射和接收器，再将其接入飞控系统，超声波可以在大气中传输，当超声波从发射机发出，遇到障碍物时产生反射波，由接收机负责接收并根据发射到接收的时间差可以推算出障碍物距离，超声波避障系统具有不会受到光线、粉尘、烟雾干扰的优点，原理简单、技术成熟，但其有效探测距离一般为 5m，且对反射物体材质也有限制，当物体表面反射超声波的能力不足，避障系统的有效距离也会降低。

红外避障的基本原理是传感器发射一定频率的红外信号，然后根据反射信号与原信号的相位差计算信号的飞行时间，即可换算出距离障碍物的距离。该方法技术比较成熟，作用距离较超声波更远（数米到数百米），而且高等级的 TOF 传感器可以获得障碍物的深度图像，但缺点是成本高，抗干扰能力较差，易受烟雾、粉尘等干扰，因此该方案在当前市场上产品或样机中有一定规模的应用。

激光避障与红外线类似，也是发射激光然后接收。不过激光传感器的测量方式很多样，有类似红外的三角测量，也有类似于超声波的时间差+速度。但无论是哪种方式，激光避障的精度、反馈速度、抗干扰能力和有效范围都要明显优于红外和超声波。近年来此技术逐渐成熟，多用于自动驾驶车辆上，但由于其体积庞大、价格昂贵，故不太适用于无人机。

视觉避障运用了人眼估计距离的原理，即同一个物体在两个镜头画面中的坐标稍有不同，经过转换即可得到障碍物的距离，通过双目视觉方法可以获得障碍物的信息图像，准确度可以达到厘米级。与前两种方式相比，虽然双目视觉也对光线有要求，但是对于反射物的要求要低很多，也不会互相干扰，普适性更强。而且双目视觉可以在小体积、低功耗的前提下，获得眼前场景高分辨率的深度图。视觉避障的优点是省电，适用于光线充足的环境；缺点是算法复杂，且不适用于昏暗或光线变化多的情况（见图 6-15）。

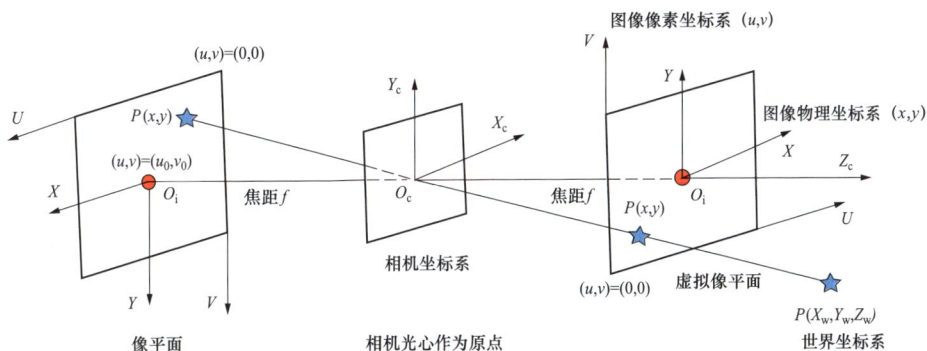

图 6-15　世界坐标系与相机坐标系的转换

二、无人机自主绕障技术

有了视觉、雷达等传感器回传的环境地图数据，下一步就可以用于无人机的路径规划。在每次任务开始时，首先从上层接受本次任务的目标点。这样就可以在环境地图中进行搜索，从而通过路径规划算法找到一条从无人机当前位置到目标点位置的离散路径。

针对无人机的应用场景，通常采用启发式路径规划算法，在一定程度上避免了无效的搜索路径，提高了搜索效率。启发式路径规划算法主要分为两种：

一是无障碍物的非完整约束启发式。主要考虑无人机的运动特性，但是忽略障碍物。即将无人机的最小半径作为输入，并且获取从当前点到目标点的最优曲线路径（如 RS 曲线、Dubins 曲线等），然后计算最优曲线的长度作为启发函数的代价值。

二是有障碍物的完整性启发式。主要考虑环境中的障碍物信息，忽略无人机的运动特性。通过在每个节点使用 Djikstra 算法，获得该节点到达目标点的最近距离作为其代价函数的代价值。Djikstra 算法能够在类似迷宫环境中，获得扩展节点到目标点的最近路径。

在实际绕障算法设计过程中，通常需要考虑无人机运动步长及最大转弯半径，并在生成路径的采样点判断无人机周围是否存在障碍物，为了避免无人机与障碍物发生碰撞，需要将规划的路径与障碍物保持安全距离。由于路径规划算法产生的航线往往不是最优解，通常存在不自然转向及不必要转向，需要进一步改进优化，对路径点进行非线性优化，通过局部平滑目标函数对路径进行平滑处理，最终形成绕障路径。

第七节　无人机自主巡检前端识别辅助拍照技术

无人机自主巡检前端 AI 辅助拍照技术主要基于人工智能和前端边缘计算技术，在满足低功耗、易集成要求的同时，实现巡检目标高质量拍照，完成高质量图像数据的采集，该技术在提高巡检数据采集高质量的同时，也可减小后端图像数据分析耗时长、算力消耗等，为巡检线路图像 AI 缺陷分析提供有效数据保障（见图 6-16）。

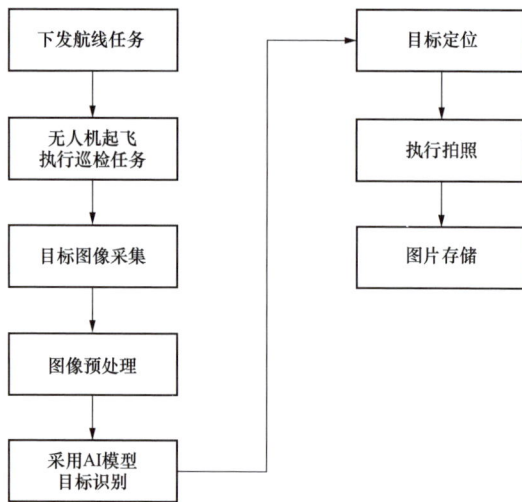

图 6-16　前端识别辅助拍照流程图

预先规划巡检线路航线，通过后台控制中心将巡检任务下发至目标机场，机场无人机自动执行巡检任务，实现电力线路图像数据的采集（例如绝缘子串、横担挂点等）。通过采集的有效图像数据，利用 YOLO 系列等算法完成进行 AI 模型的训练，机场前端搭载轻量化 AI 算法模型，利用无人机智能化巡检作业，完成线路部件的目标识别、智能拍照等，解决自主巡检图像拍摄对焦模糊、未正确对焦、未对准目标、逆光时图像质量差等问题，控制无人机居中对准、逆光时清晰捕获目标，实现智能对准、智能对光、逆光时提升拍摄效果，提高图像数据采集质量的同时，提升后期目标缺陷识别的精度，真正实现无人机机场快速、精准的自主巡检及高质量地完成线路巡检作业。

第七章

无人机机场智能巡检作业

无人机机场智能巡检作业由无人机自主巡检进一步发展而来，其作业基本流程也是其的发展和延续。总的来说，无人机机场智能巡检作业的业务流程可大致分为航线规划和机场巡检两个部分，其中航线规划涉及三维扫描、航线规划、航线校验等步骤，该部分业务与无人机自主巡检差异较小，机场巡检涉及航线导入、航线执行、照片查看等步骤，该部分业务为无人机机场智能巡检作业的特有业务。

第一节　三维扫描与航线规划

三维扫描与航线规划是生成巡检航线的主要方式，特别是随着数字空间等平台建设，对于三维扫描生成的点云数据存在较多应用场景，虽然当前存在不进行三维扫描直接生成航线的技术手段，但在三维扫描重建出的点云数据上进行航线规划仍是当前最主要的航线规划方式。

一、三维扫描

当前三维扫描使用的硬件设备主要为：大疆经纬 M300 系列无人机、大疆禅思 L 系列任务负载（图 7-1 为大疆经纬 M300 系列无人机搭载禅思 L1）、LTE 网卡、内存卡、高性能计算机等。使用软件主要为大疆智图。

图 7-1　大疆经纬 M300 系列无人机搭载禅思 L1

(一)通用参数设置

1．基本安全设置

返航高度(高于障碍物 30m);失控动作(返航);智能低电量返航(开启)。

2．RTK 设置

可选择使用 M300RTK 内置"网络 RTK"或输入 Ntrip 账号的形式连接"自定义网络 RTK"。如果飞机连接 RTK,且全程 RTKFIX(固定解),则禅思 L1 的成果文件中将自动保存基站文件。

(二)无人机参数设置清单

无人机参数设置清单见表 7-1。

表 7-1　　　　　　　　　无人机参数设置清单

参数类型	参数名称	参　数　数　值
飞控参数设置	返航高度设置	高于返航航线区域障碍物 30~50m
	失控行为	返航
	感知避障设置	开启
	智能低电量返航	开启
	RTK 定位功能	开启
	RTK 类型与状态	网络 RTK 或自定义网络 RTK 连接成功,RTK 数据使用中

续表

参数类型	参数名称	参　数　数　值
航线主页设置	飞行器选择	Matrice300RTK
	负载选择	云台 1：ZenmuseL1
	高度模式	海拔（EGM96）
负载设置	回波模式	双回波
	采样频率	240kHz
	扫描模式	非重复
	真彩上色	开启
航线全局设置	速度	主网：7～10m/s，配电网：4～6m/s
	海拔	保持默认，不做修改
	飞行器偏航角	沿航线方向
	云台控制	手动控制
	航点类型	直线飞行，飞行器到点停
	惯导标定	开启
	节能模式	关闭
	完成动作	自动返航
航点设置	速度	跟随航线
	海拔	不跟随航线
	飞行器偏航角	跟随航线
	航点类型	跟随航线
	首航点动作	（1）云台俯仰角–90°（往返飞行推荐–75°）。 （2）开始录制点云模型
	中间航点	保持默认，无需更改
	尾航点动作	结束录制点云模型
	经纬度	保持默认，无需更改

（三）飞行操作步骤

根据线路实际情况，对航线进行拆分，设置多个起降点。每个起降点依次对两侧各 5km 左右线路进行点云采集。实际长度根据地形、环境风速、返航障碍物及返航高度综合判断。

起飞点选择宜遵循视野通透，信号遮挡较少的位置。

（1）确认预热完成：飞行器开机后原地静置预热惯导 3 ~ 5min，预热完成 App 会弹窗及语音提示"负载惯导预热已完成"（见图 7-2）。

（2）确认 RTK 状态：确保 RTK 状态为 FIX 固定解，RTK 选择的端口使用 WGS84（见图 7-3）。

图 7-2　惯导预热完成提示　　　　图 7-3　RTK 端口设置

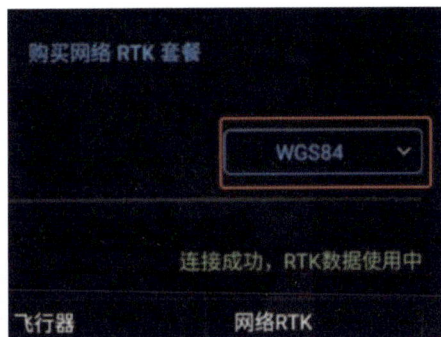

（3）在空旷区域放飞无人机正式开始点云采集。

（4）无人机在飞行到带扫描杆塔上方时，点击标定飞行，此时请不要暂停或干扰无人机操作，耐心等待惯导标定结束。

（5）惯导标定结束后，调整无人机在地线上方约 20m 高度，镜头手动调整为负 70°，以 4 ~ 5m/s 的速度匀速飞行。点云扫描过程中，可切换"点云"与"双屏"视图查看实时点云效果。三维扫描工作中手柄显示画面如图 7-4 所示。

（6）注意：在惯导标定时，无人机会暂停点云采集动作，此时请不要手动干预无人机，待标定结束后无人机会自动恢复点云采集并继续执行航线任务。

图 7-4　三维扫描工作中手柄显示画面

（四）点云重建

点云重建使用软件"大疆智图"。

（1）新建任务"激光雷达点云"。大疆智图新建任务页面如图 7-5 所示。

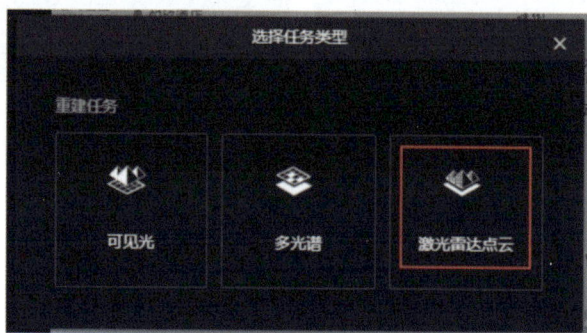

图 7-5　大疆智图新建任务页面

（2）点击"灰色文件夹"图标，添加 L1 激光雷达点云数据，可直接导入包含多组数据的大文件夹，也可分别导入多组数据。

（3）点云密度选择：高（高、中、低分别对应 100%、25% 和 6.25% 的点云密度，只影响成果点的数量，不会对成果精度有太大影响）。点云密度选项如图 7-6 所示。

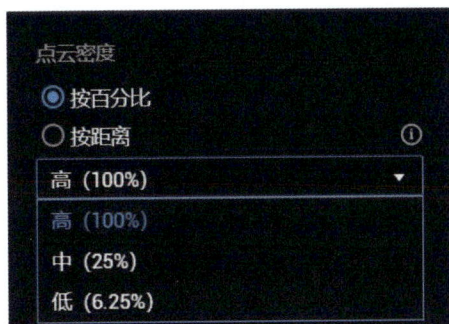

图 7-6　点云密度选项

（4）输出坐标系设置。采用 WGS84 坐标系，墨卡托投影分度带（UTMZONE）选择方法：

北半球地区，选择最后字母为"N"的带；根据公式计算，带数=（经度整数位/6）的整数部分+31。如山东地区计算得出带数为 50，则在大疆智图-输出坐标系设置-选择已知坐标系-搜索"UTM zone 50N"，选择 EPSG 代号 32650 投影，如图 7-7 所示。

图 7-7　坐标系选择页面（以山东地区为例）

（5）高程设置：保持默认 Default（椭球高，即大地高，EGM96height 及其他可选项均为海拔高）。

（6）点云有效距离：默认 3～300m，不做修改。

（7）重建结果设置：默认 PNTS 和 las 格式（PNTS：Terra 显示时使用的格式和 las：机载雷达输出的标准格式）的三维点云。还可选择输出为 PLY（可在 meshlab 中打开）、PCD（可在 cloudcompare 中打开）和 S3MB（可在 supermap 中打开）等三维点云格式。点云重建成果文件设置如图 7-8 所示。

图 7-8　点云重建成果文件设置

（8）开始重建。点击"开始处理"进行重建，处理过程中，可点击"停止"中断处理，软件会保存当前进度。停止后若继续处理，会从断点处继续开始。

（9）多任务重建。可同时开始多个点云处理任务。在第一个开始的任务完成前，其余任务将处于排队状态，上一个任务完成后其余任务会按照开始顺序依次处理。

（10）成果导出。在任务栏可点击导出成果文件，如图 7-9 所示，大疆智图输出的成果文件主要包括 las 点云成果文件，存放在 terra_las 文件夹中。

二、航线规划

在生成 las 文件后，可将 las 文件导入航线规划软件中进行航线规划，考虑到各单位使用的航线规划软件未必统一，在这里不对航线规划软件的具体操作进行介绍，仅就航线规划中的通用部分进行简单介绍。

通常来说，航线规划的步骤为新建工程（las 导入）、标记杆塔并划档、点云抽稀、添加目标点及航线计算检测与导出。

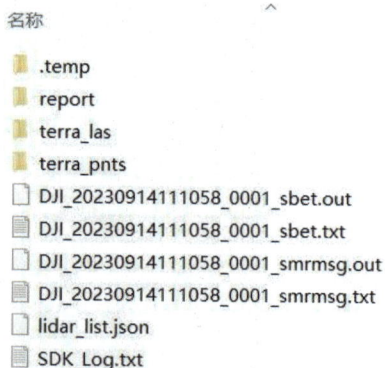

图 7-9　导出成果文件情况

（一）工程创建（las 导入）

在菜单中选择创建新工程，设定好保存路径并输入文件名称，完成后即可建立工程。新建工程后，通过导入数据功能选择导入 las 点云文件，软件会自动处理并导入 las 数据。导入成功后，可以在软件中查看导入的点云模型。航线规划软件导入点云数据后情况如图 7-10 所示。

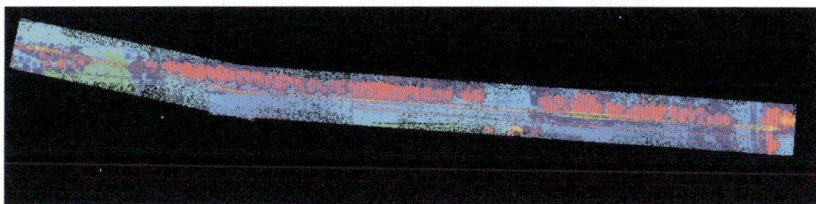

图 7-10　航线规划软件导入点云数据后情况

（二）标记杆塔

在导入点云后，大多数航线规划软件均需要标记塔型（耐张杆塔或直线杆塔）及塔号。通过缩放和平移全局数据，可以找到需要标记的杆塔。耐张塔在俯视图下左右两侧明显突出，有跳线和绝缘子串，如图 7-11 所示；而直线塔则无突出物，无跳线，且绝缘子串不凸出，如图 7-12 所示。

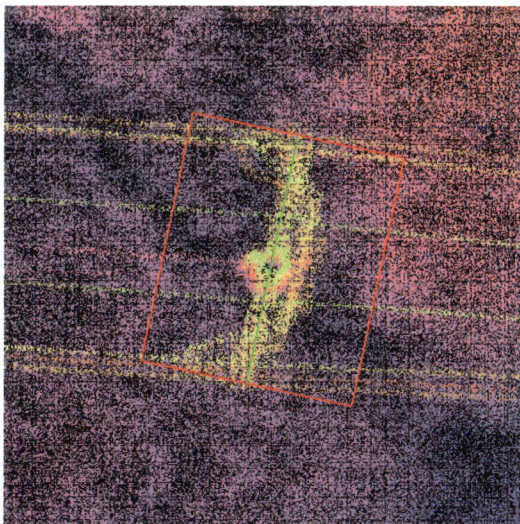

图 7-11　耐张塔俯视效果

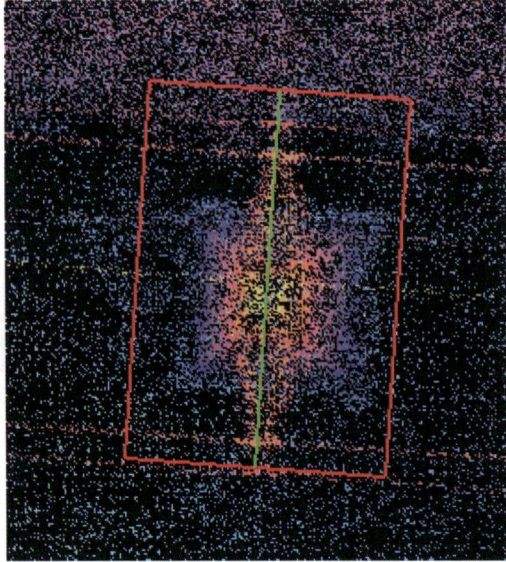

图 7-12　直线塔俯视效果

（三）点云抽稀

在激光雷达作业过程中，由于飞机速度变化和不同雷达的采集方式不同，原始点云数据常常会表现出疏密不均的情况。部分规划软件具备点云抽稀功能，可均匀化点云密度，从而提升视觉效果并加快渲染和编辑速度。部分点云处理软件（无航线规划功能）也具备抽稀等初步处理点云的功能，可根据实际需求情况进行选用。

（四）添加目标点和绝缘子串

航线拍摄点包括目标点和绝缘子串，绝缘子串通常可以通过点击两端（挂点端及导线端）自动生成三个目标点。如需拍摄除绝缘子外的其他部位，需添加目标点，选择增加目标点功能，将光标移动到点云中需要的位置。规划完成后软件显示的目标点效果如图 7-13 所示。

（五）航线的计算、检测和导出

航线计算时，选择计算航线功能，系统会自动生成航线。计算完成后，在点云窗口中进行安全检测，危险航线会以特定颜色显示。导出航线时，选择导出航线功能，选择相应的格式。对于机场巡检，目前平台支持 kml、trl、 kmz 格式航线导入，推荐导出为 kml 格式。

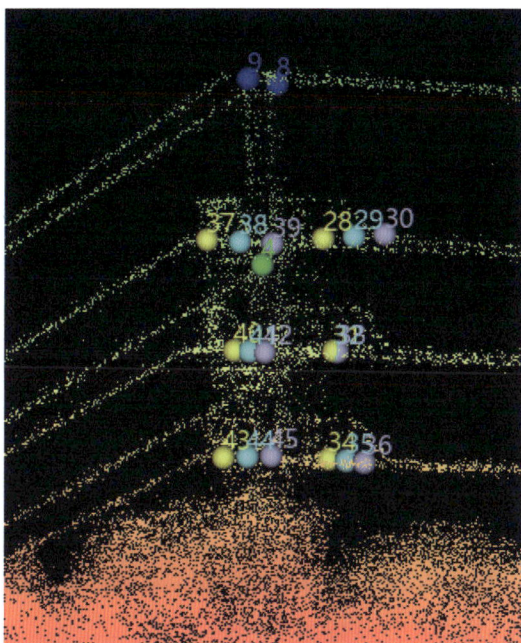

图 7-13　规划完成后目标点效果

第二节　机场巡检航线验证与导入

一、机场巡检航线验证

机场巡检航线验证以无人机自主巡检和数字空间校验两部分进行，无人机自主巡检旨在检查无人机在到达杆塔上方开始巡检的过程中飞行的安全性和航点的准确性，数字空间校验旨在确定一个无人机自机场起飞后到达杆塔上方的最低安全飞行高度，以实现在安全飞行的基础上，尽可能扩展机场地覆盖范围。

（一）无人机自主巡检航线校验

考虑到机场平台与 kml 格式航线文件兼容性最佳，常见支持 kml 格式的无人机操作软件为大疆公司 DJI Pilot，下面以 DJI Pilot 为例介绍自主巡检的操作方法：

1. 飞行前准备

航线验证可选用大疆精灵 4RTK 或大疆御 2 行业进阶版。考虑到无人机机场内无人机的体积和性能参数与大疆御 2 行业进阶版类似，推荐采用大疆御 2 行业进阶版进行航线验证。

飞行前需检查无人机电池、内存卡、机翼等是否满足飞行要求，御 2 行业进阶版还需检查 RTK 天线是否安装到位、螺栓是否紧固，并在开始作业前将航线文件复制到带屏手柄中。

检查无误后按照规定顺序上电开机，在 DJI Pilot 中选择航线飞行，点击 KML 导入按钮导入需检查的航线。导入 KML 航线页面如图 7-14 所示。

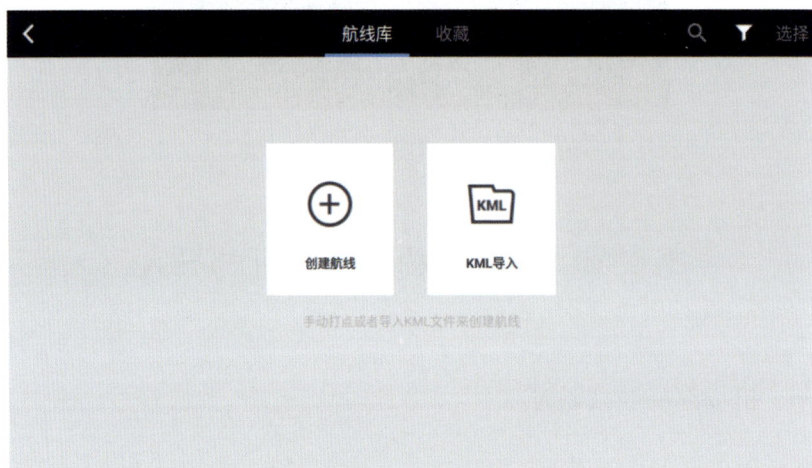

图 7-14　导入 KML 航线页面

2. 参数设置

设置—连接网络 RTK—内置账户（WG84）/自定义账户——设置（连接）。参数设置重点检查"启用视觉避障系统"（关闭）及"云台俯仰限位扩展"（打开）。如航线涉及在塔内执行任务，还需检查"智能低电量返航"（关闭），防止塔内执行任务时返航炸机。详细设置可参照表 7-2。

表 7-2　　　　　　　　　自主巡检无人机参数设置表

序号	参数类型	参数项目	参数设置	备注
1	飞控参数设置	允许切换飞行模式	开启	
		限制距离	关闭	
		失控行为	悬停	
		返航高度设置	高于周围最高建筑物高度	
2	传感器设置	启用视觉避障系统	关闭	注意：必须关闭视觉避障系统
		显示雷达图	开启	
		启用下视视觉定位	开启	
		障碍检测	开启	
		精准降落	开启	
3	遥控器设置		根据习惯切换摇杆模式	
4	电池设置	严重低电量警报	10%	
		低电量警报	20%	
		智能低电量返航	关闭	在塔内执行任务时返航会炸机
5	云台设置	云台俯仰限位扩展	开启	需每次开机查看
		云台模式	自由	

3．任务执行

航线文件加载完成、所有参数均已检查完毕，无人机自检合格后，设置航线速度不高于 10m/s，点击屏幕左侧的蓝色播放按钮上传航线任务。上传完成后即可开始验证。

4．验收标准

验收分为安全验收和拍摄质量验收。

（1）安全验收在航线验证过程中进行，主要检查航线与障碍物有无碰撞风险，是否存在危险穿越行为，如航线飞行安全则验收合格，否则需要修改航线。

（2）拍摄质量验收在巡检后通过查看回传照片开展，主要检查各个拍摄点位是否符合规划预期，是否满足设备巡视运维需要，如能满足需要则验收合格，否则需要修改航线。

（二）数字空间航线校验

为解决无人机在前往设备上方开展巡检过程中撞山、撞线等问题，特别开发了数字空间平台，依托地形地貌高程信息和固定航线，可有效提升无人机机场巡检的安全性和效率。

1．中台航线导入

将航线规划所生成的单基、单站航线导入中台对应模块，完成航线与设备的挂接。数字空间可直接在中台拉取单基航线，无需重复导入，中台导入无人机航线页面如图 7-15 所示。

图 7-15　中台导入无人机航线页面

2．固定航线校验

数字空间可以机场为圆心、50m 为基准飞行高度，每隔 6°规划 1 条固定航线，再根据设备的覆盖情况，对安全航线优化调整，与全量航线验证相比，验证工作量降低 33%以上（以所需验证航线最多的汇河站机场为例，固定航线校验共需对 57 条航线 163.7km 进行首飞验证，而全量航线验证工作量超 2600km），数字空间中调整优化后生成的安全航线如图 7-16 所示。

在对 60 条固定航线逐一校验，标注安全高度后，即可进行航线组合。

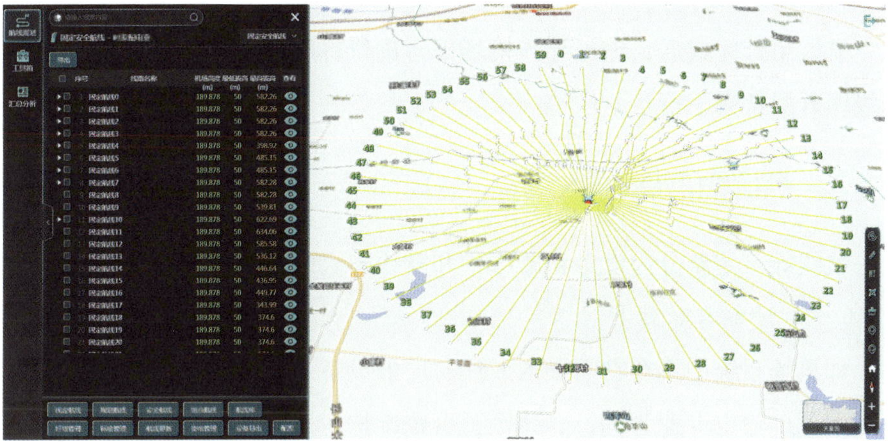

图 7-16　数字空间调整优化后生成的安全航线

3．航线组合验证

固定航线验证标注工作完成后，系统可根据单基航线点位，就近选择一条固定航线进行组合，形成一条从机场到设备的全过程航线，可实现飞行过程中绕山、绕塔等安全飞行动作。数字空间组合后的航线情况如图 7-17 所示，可以看到单基航线与安全航线已完成组合，无人机自机场起飞后延安全航线飞行至杆塔附近后，再根据单基航线开展巡检作业。

图 7-17　数字空间组合后的巡检航线

4. 首航验证

航线组合完成后，即可导入机场平台进行首航验证，验证无误后固化至航线库开展常态飞行。

二、机场巡检航线导入

航线导入主要分为设备台账维护和航线导入两个步骤。

（一）设备台账维护

如机场系统中不存在需导入航线对应的设备，需要用户自行维护设备台账。下面以输电专业为例，介绍设备台账维护的操作方法。

在"机场系统—设备管理—线路信息"中，通过搜索核查需导入航线对应线路是否已经维护，如未维护，点击"新增"，填写对应字段后，点击"确定"，添加线路信息页面如图 7-18 所示。

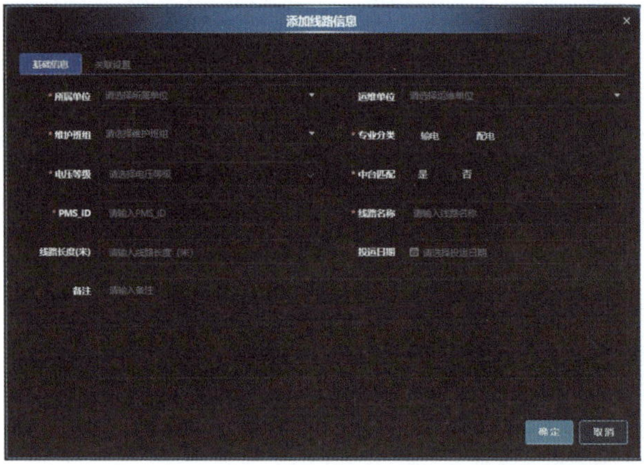

图 7-18 添加线路信息页面

PMSID 等信息可在中台进行查询。

维护好线路信息后，再在"机场系统—设备管理—线路杆塔"中，维护线路杆塔信息。

线路杆塔信息维护建议选择"批量导入"功能，杆塔批量导入页面如图 7-19 所示。

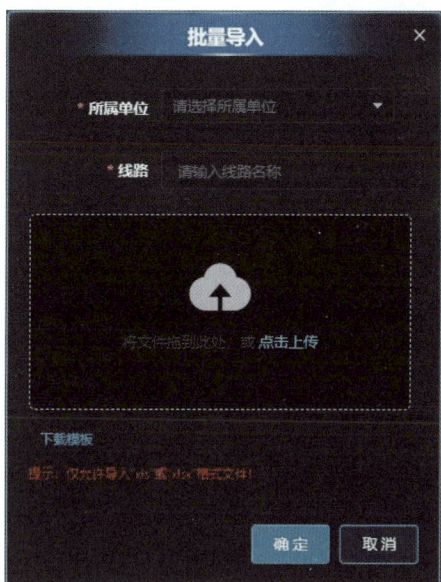

图 7-19　杆塔批量导入页面

点击"批量导入"，点击"下载模板"，下载导入模板，批量导入模板如图 7-20 所示。

图 7-20　批量导入模板

根据线路杆塔信息进行填写，其中，经纬度信息可填写需导入的机场的经纬度信息。

填写完成后导入系统，即可完成线路杆塔信息维护。

完成杆塔信息维护后，在"智能装备—站点管理—站点覆盖设备"中，维护站点覆盖设备，如图 7-21 所示。

其中，目标物名称可多选或全选。选择完成后确定，即可完成设备台账维护，如图 7-21 所示。

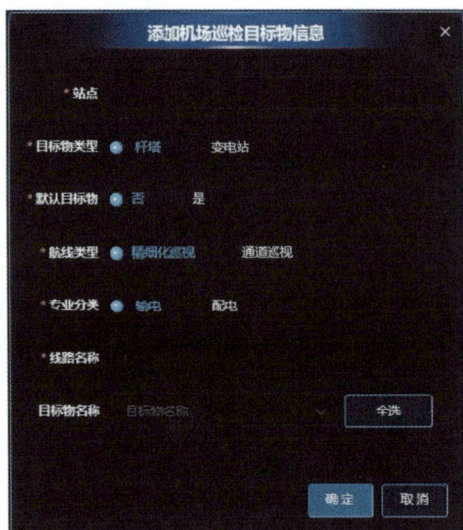

图 7-21　添加站点覆盖设备

（二）航线导入

在"智能装备—航线库—航线信息"中，导入航线。

导入航线时，一次仅能对一个机场的一条线路进行航线导入，如图 7-22 所示。

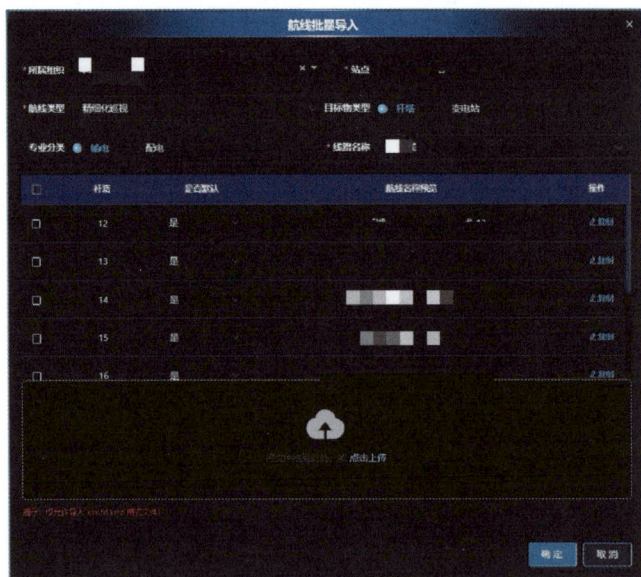

图 7-22　航线批量导入页面

根据实际情况填写机场和线路信息。

注意，在航线导入时，检查航线格式是否为 kml、trl、kmz 格式，其他格式系统无法识别。为保障上传识别成功率，可先将航线文件名改为航线名称预览中的名字，批量修改文件名称可使用文件重命名（renamer）等批量重命名工具。

重新命名后拖入上传框中上传，即可完成航线信息导入。

第三节　机场巡检作业内容

机场巡检作业方式主要分为一般任务、定时任务和周期性任务。下面依次介绍这几种任务下发的操作流程。

一、一般任务下发

在机场管控微应用"巡检管理—巡检任务"中，点击"新增任务"，打开"添加巡检任务"窗口，如图 7-23 所示。

根据情况依次填写字段，其中"机场"字段为选择"站点"后自动带出，无需手动填写。"任务类型"与"航线类型"的选择与上传航线时选择的航线类型有关。

设定好任务后，点击"添加"选择任务目标物。

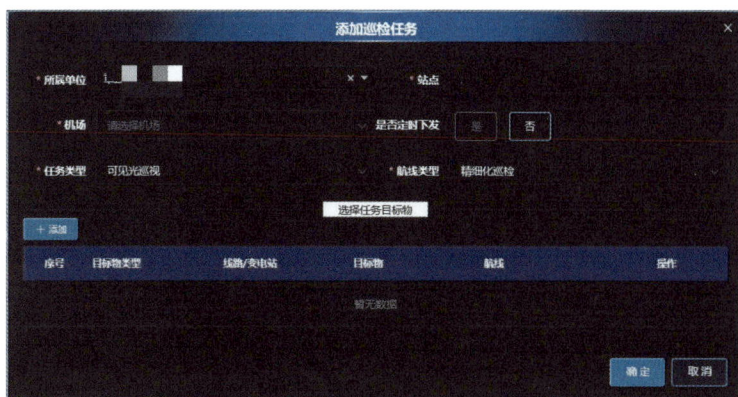

图 7-23　添加一般任务

根据巡检需要选择对应的航线，并点击"确定"。如需在一个架次中巡检多个设备，只需手动逐个添加即可。系统会自动计算任务完成所需时间，如超出设定的最大飞行时间系统会进行警告。单个架次可巡检的目标物数量与目标物类型、距离远近、无人机性能等相关，操作人员可根据工作经验自行调整，如图 7-24 所示。设定好目标物后，点击"确定"，生成巡检任务。

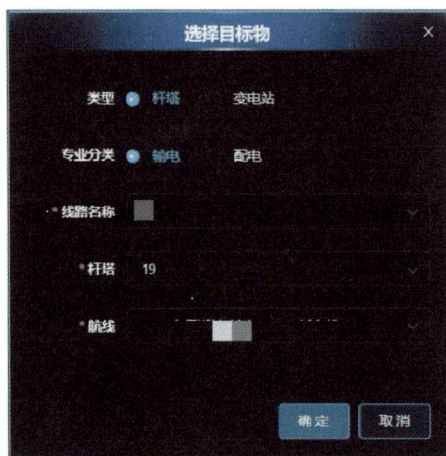

图 7-24　添加目标物

如需在任务下发前校验各目标物的距离，可在最右侧"操作"栏中点击"更多"，在弹出菜单中点击"航线校验"，使用右下角"测距"功能校验距离。

在最右侧"操作"栏中点击"更多"，在弹出菜单中点击"下发"，即可下发任务。系统会进行二次确认是否下发该任务，点击"确定"。如下发成功，系统会在顶部用绿色字样提示任务下发成功。

任务下发后，系统提示是否查看任务航线。此时可点击"确定"前往查看。如在下发时没有选择查看，后续想要查看任务，可在最右侧"操作"栏中点击"更多"，在弹出菜单中点击"查看航线"进行查看，如图 7-25 所示。

在查看航线中，可以看到机场和无人机的图传数传信息，上方分别为机场的温度、湿度、风速及降雨量，下方为无人机海拔、水平速度、垂直速度及电池电量。同时系统以浮窗形式展示任务信息，可查看系统根据航线及飞行速度计算的任务时间和任务进度，如图 7-26 所示。

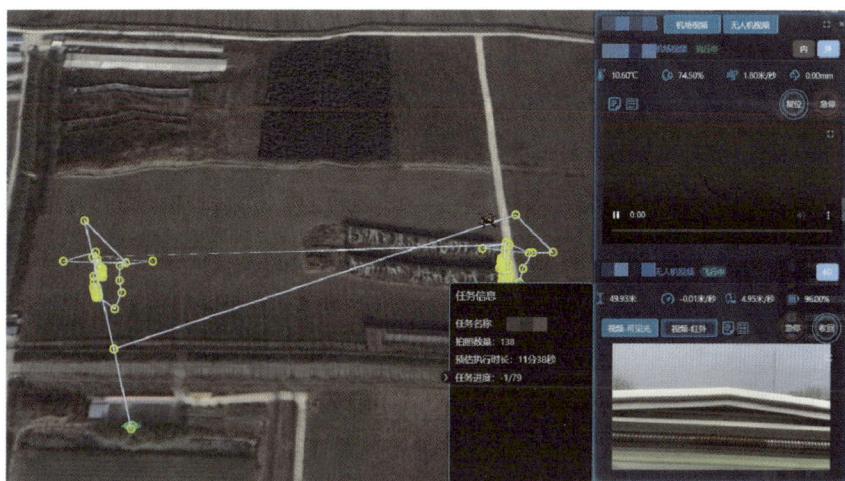

图 7-25　"查看航线"显示任务详情

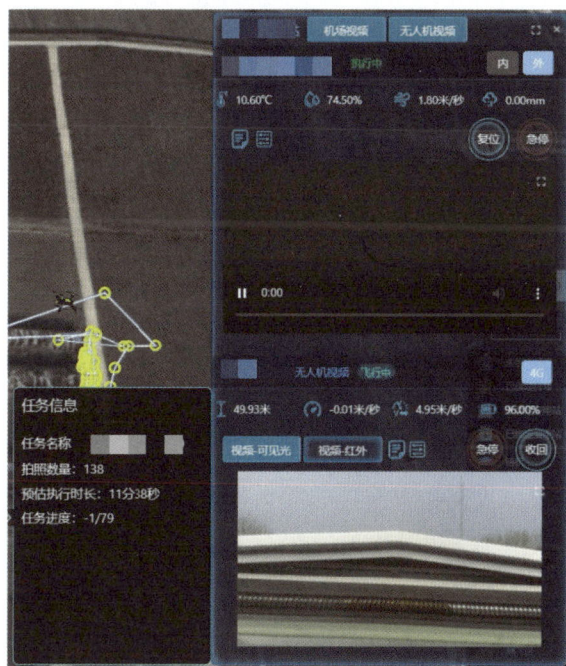

图 7-26　机场及无人机数传图传信息

任务执行完成后，无人机自动返航。

二、定时任务编制

定时任务编制的操作方法与一般任务近似，在编辑巡检任务中，"是否定时下发"字段选择"是"，即可将一般任务改为定时任务，如图 7-27 所示。

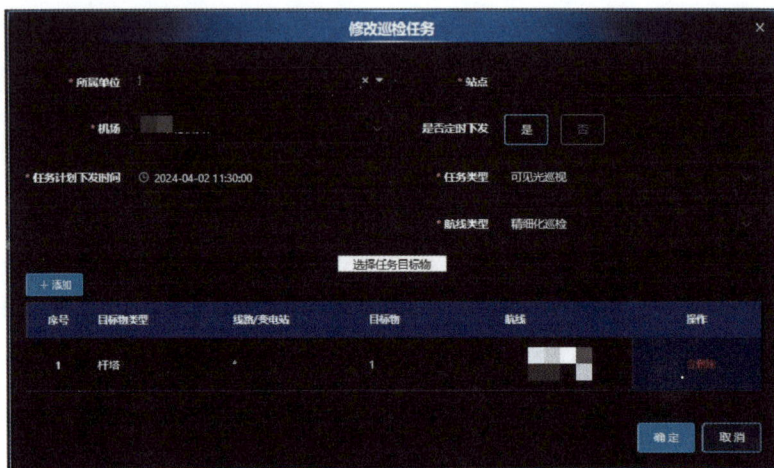

图 7-27　定时任务编制

选择定时下发后，需设置计划下发时间。如系统设置了最小任务时间间隔，编制计划任务下发时间时注意避开间隔，防止因不满足最小任务时间间隔导致任务下发失败。

编制完成后点击"确定"。

编制的计划任务默认开启下发，无需手动操作。如因临时性工作需要，需临时关闭部分定时任务下发，可在巡检任务界面中，勾选对应任务，点击"批量关闭定时下发"，即可取消下发。勾选对应任务，点击"批量开启定时下发"，即可恢复下发。

三、周期性任务编制

周期性任务编制在"巡检管理—周期性任务策略"中编制。

周期性任务可一次性生成大量的定时任务，可大大减少保电、适航区首航等场景的操作复杂度。

在页面中点击"新增",在弹出页面中填写对应字段,字段填写与一般任务编制接近,其中,策略名称应能体现出任务机场及巡检任务。

设定好执行线路后,执行杆塔中会出现该机场下该线路所有杆塔航线,根据需要选择需巡检的杆塔,点击选择将其移动到"已选择"栏中,如图 7-28 所示。

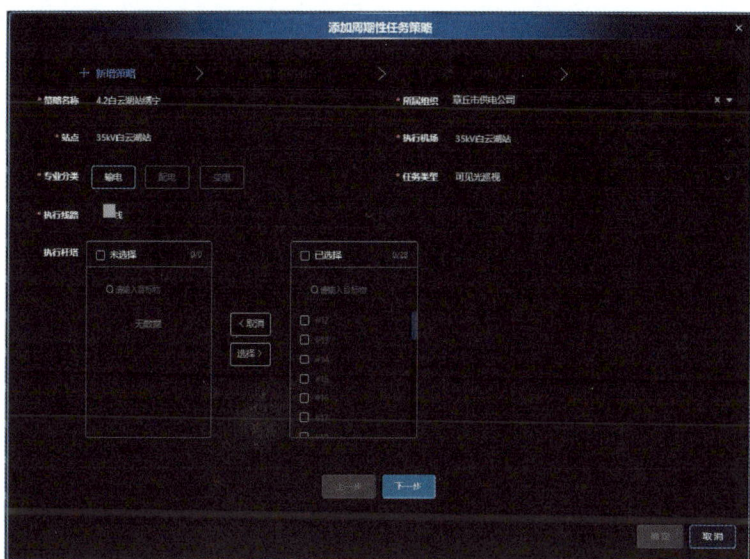

图 7-28 添加周期性任务策略

点击"下一步"进行策略组合调整,如图 7-29 所示。

该页面显示系统自动根据航线巡检时间和单个架次最大飞行时间计算出架次策略情况。可以看出因部分杆塔距离机场较近,单个架次巡检杆塔数量多,随着距离增加单个架次的巡检杆塔数量减少。如单个架次分配了过多的目标物,可以点击"操作"栏的"拆分"对任务进行拆分。因无人机单个架次可执行的航点数量有限,根据经验,对于 35kV 线路,最多在一个架次中巡检 5 基杆塔,如选择更多杆塔,即使满足飞行时间限制,也会因无法将航线下发至无人机导致下发失败。

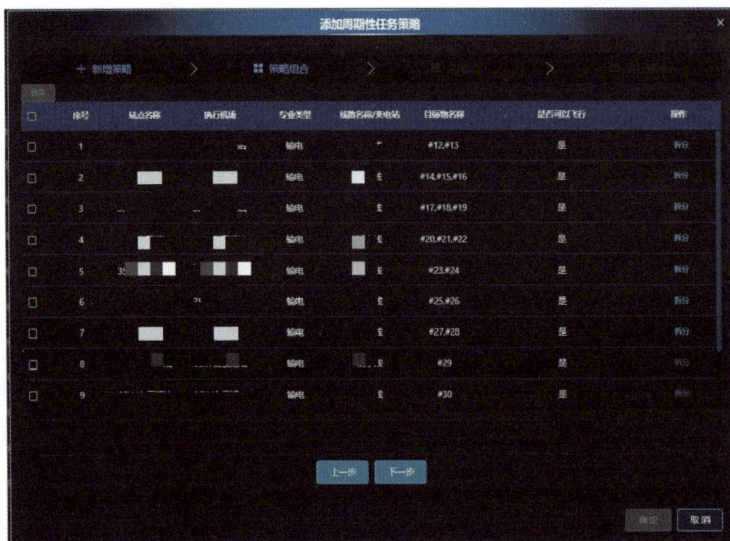

图 7-29　策略组合

点击"下一步"进行时间配置，如图 7-30 所示。

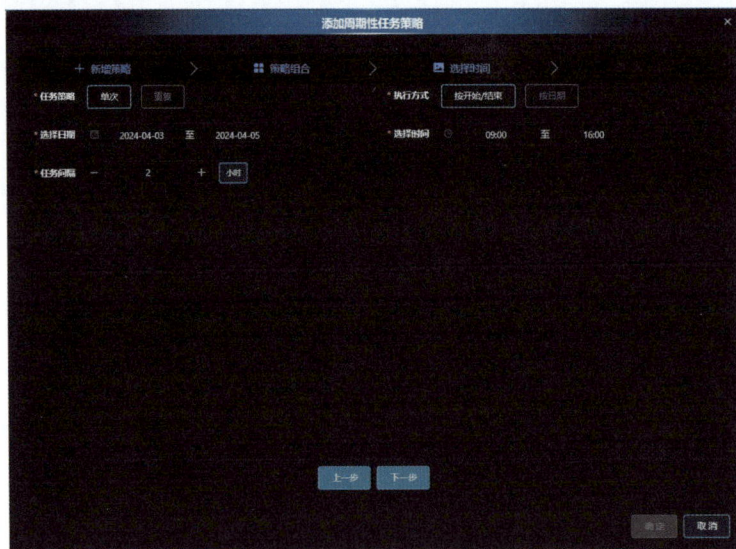

图 7-30　周期性任务策略时间配置

在选择时间中设置任务时间。

其中，"任务策略"中，如保电等重复巡检场景，可选择重复，系统会自动在设定的日期和时间内重复巡检,如适航区首航或日常巡检,可选择单次,每个架次任务仅生成一次。

"执行方式"可根据开始结束时间或按照日期选择。

"选择时间"字段应在 08:00~19:00 之间,当前系统 20:00~次日 08:00 间关闭,期间巡检的无人机照片无法回传系统。实际设定中还要考虑突发情况下有无属地人员回收飞机等因素。

任务间隔为架次间的间隔,如单个架次的巡检时间设置为 20min,任务间隔设置为 2h,实际任务开始时间的间隔为 2h20min。

设定完成后点击"下一步",查看各架次情况,如图 7-31 所示。

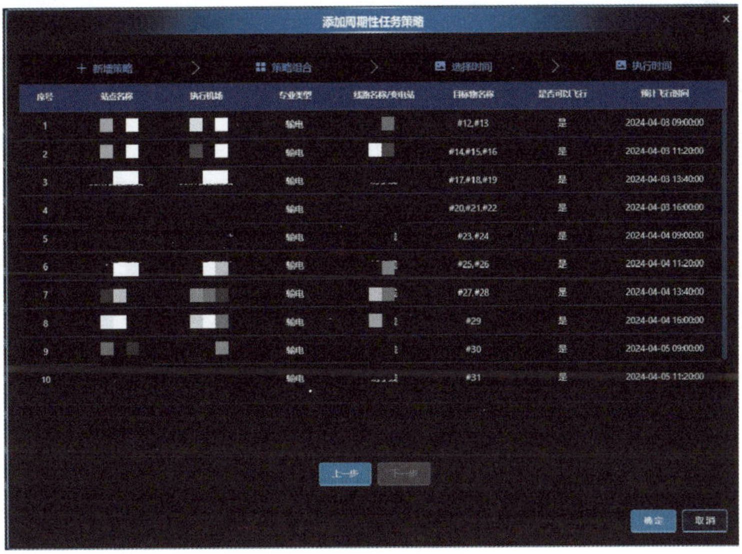

图 7-31 周期性任务架次情况

检查无误后,点击"确定"保存任务策略。

系统会根据任务策略,在每天 08:00 自动生成当日定时任务,并自动下发,无需人工干预。

如需取消单个或个别架次的任务,可参照关闭任务定时下发操作。如需关闭周期性策略,可在周期性任务策略中,右侧"操作"栏中点击"关闭策略",即可关闭整个周期性策略。

四、照片查看

任务照片查看有两种方式，一是在任务角度，查看任务回传照片。二是在设备角度，查看设备照片。

（一）任务照片查看

在"巡检任务"页面，找到需查看的任务架次，找到"上传张数"字段并点击，查看任务回传照片，如图 7-32 所示。

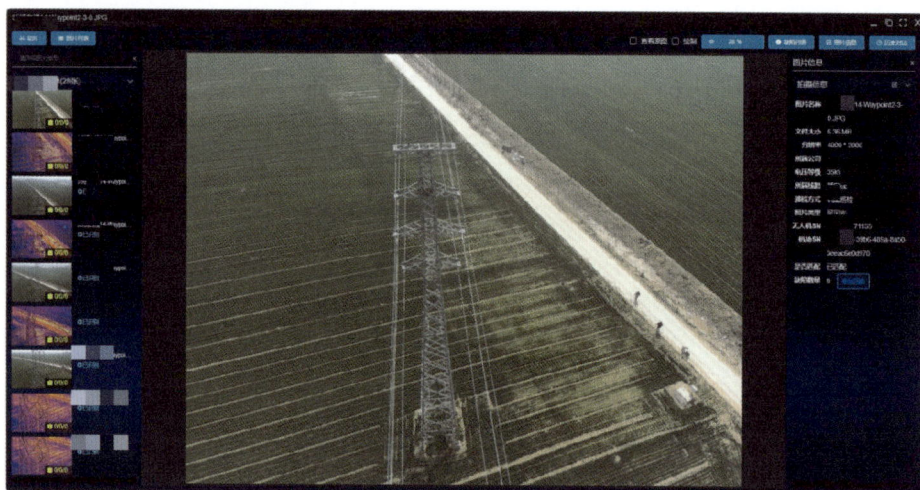

图 7-32 巡检任务照片查看

点击左侧导航栏可逐张查看。

无人机配有红外摄像头，可拍摄红外照片。系统会自动计算红外图片温度，并显示最高最低温度点。也可用鼠标移动到需测温点位，会自动显示鼠标指向点的温度，如图 7-33 所示。

（二）设备照片查看和导出

点击"图片库"，即可按照设备查看巡检照片。

根据专业和设备电压等级，选择对应线路的对应杆塔，可查看该设备所有架次巡检的照片。点击照片即可查看，查看方式与任务照片查看相同，如图 7-34 所示。

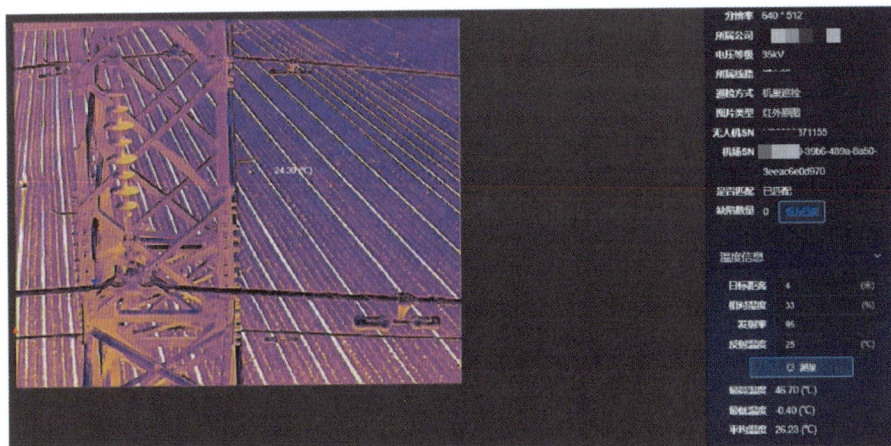

图 7-33　红外照片查看

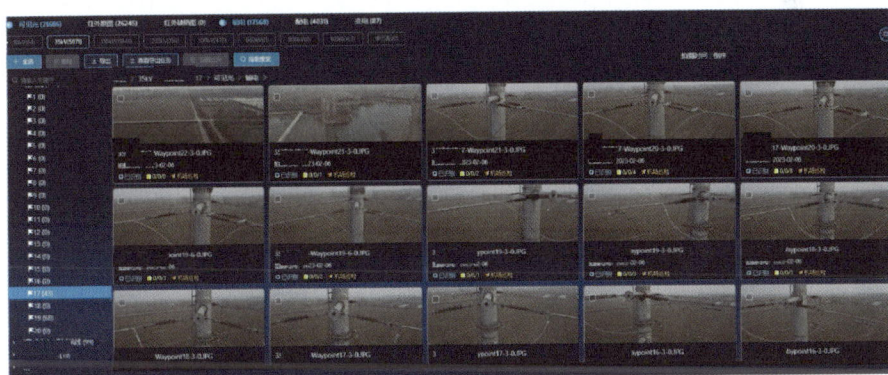

图 7-34　图片库

该页面下还可将照片导出到本地，选择需导出的照片后，点击"导出"。

导出方式应选择"创建任务"，并填写好任务名称，点击"开始导出"，如图 7-35 所示。

图 7-35　照片导出

等待任务导出完成后，点击"下载"即可以压缩包形式下载照片，如图7-36 所示。

图 7-36　照片导出任务

（三）缺陷照片查看

在"巡检管理—缺陷管理"中可以查看系统自动识别的缺陷。点击右侧"操作"可以查看缺陷图或原图，也可下载缺陷图片，如图 7-37 所示。

图 7-37　缺陷照片

第八章

无人机机场系统维修保养

无人机机场系统的维修保养工作至关重要，它确保了系统设施的正常运行和服务效能。随着无人机技术的日益成熟和应用范围的不断扩大，机场系统的规模和复杂度也在不断增加，对维修保养工作提出了更高的要求。应当按时有序地对无人机系统进行维护保养，减少系统的故障率，减少停机维修的时间，掌握常见故障发生原因及解决办法，提高整个系统的使用寿命、工作性能和安全性能。

第一节 维修保养概述

维修保养工作的目的在于确保机场系统设施和设备的良好状态，保障其能够正常运行并提供稳定可靠的服务。它不仅能够延长设备的使用寿命，降低故障率，还能够提高系统的性能和安全性，为无人机的安全飞行和任务执行提供必要保障。此外及时地统计分析无人机炸机的因素以及按时维修无人机也至关重要。因此，维修保养工作被视为无人机运行管理中的重要一环，直接关系到系统运行效率和飞行安全。

维修保养工作涵盖了广泛的内容，主要包括以下几个方面：

（1）机场定期检查：对机场系统的各项设施和设备进行定期检查，包括外观、结构、功能等方面。通过定期检查，可以及时发现设备的磨损、老化和故障迹象，为后续维护和修复提供重要依据。

（2）机场预防性维护：针对检查中发现的问题和隐患，采取预防性维护措施，包括清洁、润滑、调整等。预防性维护能够延缓设备的老化和损坏，减少故障的发生，提高系统的稳定性和可靠性。

（3）机场故障排除：当设备出现故障或异常情况时，需要及时进行故障排除和修复。通过分析故障原因，采取相应的措施，恢复设备的正常功能，确保系统的连续运行。

（4）机场无人机维修：当无人机出现损坏或者异常情况时，需要及时进行故障分析以及维修，例如更换零部件、维修芯片等。

维修保养工作的质量和效果直接影响着机场系统的运行效率和服务水平。因此，需要建立完善的维修保养体系和管理机制，明确责任分工和工作流程，加强对维修保养人员的培训和监督，确保维修保养工作的及时性、准确性和有效性。

在实际运行中，维修保养工作还受到多种因素的影响，如设备质量、使用频率、环境条件、人员素质等。只有充分考虑这些因素，并采取相应的措施和预防措施，才能保证维修保养工作的顺利进行和良好效果。

维修保养是无人机机场系统运行管理中的重要环节，它不仅能够确保系统设施和设备的良好状态，还能够提高系统的性能和安全性，为无人机的安全飞行和任务执行提供必要保障。因此，需要高度重视维修保养工作，加强管理和监督，不断优化提升维修保养水平，推动无人机机场系统的持续健康发展。

第二节　维护保养的工作流程

为了确保无人机系统的正常运行，减少不必要的机器故障和损失，提高无人机巡检作业的效率，无人机系统的维修保养是必不可少的。这包括对无人机本体、云台、载荷以及无人机值守机场进行储存、保养、检查、维修和部件更换等各方面的维护工作。在无人机系统的维护和保养过程中，需要注意各种机件的定期检查和维修，以确保无人机系统的长期稳定运行。因此，无人机系统的维护保养工作必须得到足够的重视和支持，以确保无人机的安全和可靠性。

一、无人机周期性保养概述

维修周期是否合理直接关系着无人机机载设备的维修工作是否能将故障出现的概率控制在可接受范围之内。过长的维修周期虽能缩短检查时间，但更容易发生修理不到位、机载设备带坏工作、发生安全性事故或者影响任务等问题，致使设备出现故障次数超出可以接受范围，故障时间延长，同时还会带来较大经济损失；维修周期太短虽能缩短故障发生的时间，但不可避免地导致预防维修的频繁进行，使检查时间大大增加，产生维修过剩，不但因为经常通断电而影响元器件使用寿命、提高维修成本，还可能因为自身技术原因及盲目巡检、不正确修理等原因造成设备可靠性降低。按照无人机组成部分可将维护保养分为无人机本体、无人机附件、无人机机场系统、通信链路、其他设备（如遥控器）等的维护保养。

二、无人机本体维护保养流程

（一）外观检查

（1）检查机械部分相关零部件的外观，检查螺旋桨是否完好，表面是否有污渍和裂纹等（如有损坏应更换新螺旋桨，以防止在飞行中飞机振动太大导致意外）。检查螺旋桨旋向是否正确，安装是否紧固，用手转动螺旋桨查看旋转是否有干涉等。

（2）检查电动机安装是否紧固，有无松动等现象（如发现电动机安装不紧固应停止飞行，使用相应工具将电动机安装固定好）。用手转动电动机查看电动机旋转是否有卡涩现象，电动机线圈内部是否干净，电动机轴有无明显的弯曲。

（3）检查机架是否牢固，螺钉有无松动现象。

（4）检查云台转动是否顺畅，云台相机是否安装牢固。

（5）检查飞行器电池安装是否正确，电池电量是否充足。

（6）检查飞行器的重心位置是否正确。

（二）触摸检查

（1）检查全部螺栓是否牢固。

（2）机架用手晃动，相邻的两个机臂用手摆动，检查是否有松动。

（3）手握住电动机或者桨在手上，握住一边桨叶摆动，检查是否有明显裂纹，然后再换另外机臂。

（4）手握住电动机座，晃动机臂检查机臂上的固定螺栓与电动机的固定螺栓。

（5）检查电调连接线，连接电动机、飞控和焊接位置的牢固力。

（6）检查飞控的牢固程度以及连接飞控的连接线是否有松动。

（三）电路部分检查

（1）检查各个接头是否紧密（如杜邦线接头、XT60、T 插头、香蕉头等），插头不焊接部分是否有松动、虚焊、接触不良等现象。

（2）检查各电线外皮是否完好，有无刮擦脱皮等现象。

（3）检查电子设备是否安装牢固，应保证电子设备清洁、完整，并做好一些防护（如防水、防尘等）。

（4）检查电子罗盘、IMU 等的指向是否和飞行器机头指向一致。

（5）检查电池有无破损、鼓包胀气、漏液等现象（如出现上述情况，应立即停止飞行，更换电池），测量电池电压容量是否充足（建议每次飞行前都应把电池充满电）。

（6）检查遥控器设置是否正确，遥控器电池电量是否充足，各挡位是否处在相应位置，各摇杆微调是否为 0，上电前油门应处于最低位置。

（四）通电检查

（1）检查电调指示音是否正确，LED 指示灯闪烁是否正常。

（2）检查各电子设备有无异常情况（如异常振动、异常声音、异常发热等）。

（3）检查云台工作是否正常。

（4）解锁轻微推动油门，观察各个电动机是否旋转正常。

三、无人机附件维护保养流程

（一）可见光/红外镜头维护保养

（1）镜头脏污。相机的镜头要用专用的拭纸、布擦拭，以免刮伤。要去除镜头上的尘埃时，最好用吹毛刷，不要用纸或布；要擦拭镜片时，请用合格清洁剂，不要用酒精之类的强溶剂。

（2）通电观察镜头影响是否正常。若出现黑斑、模糊发霉等现象，用干净的一般软毛刷或空气喷嘴清除里外所有的灰尘。清镜头要用镜头用的软毛刷或用眼镜用的鹿皮，药水可在镜头脏时才用，但不可直接滴在镜头上，要滴在鹿皮或拭镜纸上再擦，不可用面纸。

（二）激光雷达维护保养

（1）应定期对激光雷达设备中的 GPS 天线、GPS 天线馈线、激光头以及其他外部结构部件进行检查，以确保它们不受损坏或无划痕，如有损坏，应立刻采取相应措施。

（2）在设备投入使用之前和之后，都需要仔细检查激光头和相机镜头是否处于清洁状态，以确保所有组件都没有任何污迹。

（3）激光雷达设备的存储温度应控制在–10～+50℃之间，并且其存储环境需要确保空气流通和干燥。

（4）若激光雷达设备存储时间超一个月，应及时进行通电检测。

四、无人机机场系统维护保养流程

（1）检查空调和配电箱风扇是否正常工作。

（2）检查机场内部是否整洁无异物；平台是否干净，位置是否正确。

（3）检查机场内部无漏雨渗水，有异常处理，电气托盘四角有无进水锈迹。

（4）检查密封条有无老化、开裂、发硬、撕裂、黏接、缺失等异常，有异常则需要更换。

（5）检查后台管控系统软件是否运行正常，各组气象数据是否显示正常。

（6）检查遥控器充电是否正常，飞机第一视角的画面是否正常显示。

（7）观察舱门各动作平顺、无异常、无异响。检查平台归中释放是否到位正常。

（8）检查平台贴纸二维码区域完好，是否存在鼓包、粘贴起胶等现象。

（9）检查无人机脚架探针有无变形、氧化现象，与归中杆充电触电是否存在间隙导致充电接触不良问题。

第三节　报修流程与记录

除机场的维护保养外，无人机的维修是提高效率的重要一环，报修流程与记录是确保设备故障能够及时被察觉、定位和修复的重要环节。这一部分将进一步探讨报修流程的具体步骤。

一、报修流程

无人机报修流程是指在发现设备故障或异常情况时，进行报修处理的一系列操作步骤和程序。一个完善的报修流程能够确保故障能够被及时发现、报告和处理，提高故障处理的效率和质量。下面是报修流程的具体步骤：

（1）故障发现：故障发现是报修流程的起始点。操作人员或监测系统发现设备出现故障或异常情况，如无人机炸机、迫降、失去信号等。

（2）维修登记：将故障情况及时向维修部门或管理人员报告登记。报告内容应包括故障现象、发生时间、影响程度等信息。报告可以通过电话、邮件、在线系统等方式进行。

（3）故障诊断：维修保养人员接收报修信息后，需要对故障进行诊断和分析，确定故障原因和处理方案。这可能需要进行现场检查或远程诊断，以确定故障的具体情况。

（4）产品维修：根据故障诊断结果，采取相应的维修措施和处理方法，进行设备维修和修复。维修处理的过程中需要确保安全，避免进一步损坏设备或造成其他影响。

（5）产品测试：对维修完成的无人机分别进行地面测试与飞行测试。

（6）填写维保单：无人机测试通过以后，填写维保确认单。

（7）寄送产品：将维修后的无人机寄送至无人机原归属单位验收，完成整个无人机维修流程。

二、完善维修记录

记录在维修保养工作中具有重要的作用，它能够记录下维修保养的整个过程和结果，为后续的管理和分析提供重要依据。记录主要包括以下几个方面：

（1）异常记录：记录下设备故障异常的具体情况，包括异常时间、异常程度等信息。异常记录可以帮助维修保养部门了解故障异常的具体情况和紧急程度，合理安排维修工作。

（2）维保记录：记录下维修保养的整个过程，包括故障诊断、维修处理、验收确认等环节（见图 8-1）。维修记录可以帮助监控维修工作的进展和效果，及时发现和解决问题。

（3）修复验收记录：记录下修复的设备经过验收确认后的情况，包括验收时间、验收人员等信息。修复验收记录是确认维修保养工作完成的重要依据，也是后续工作的重要参考。

（4）维修报告：维修报告是对维修保养工作的总结和分析，包括维修工作的进展、效果和存在的问题等内容。维修报告可以帮助管理人员了解维修保养工作的整体情况，为改进和优化提供参考依据。

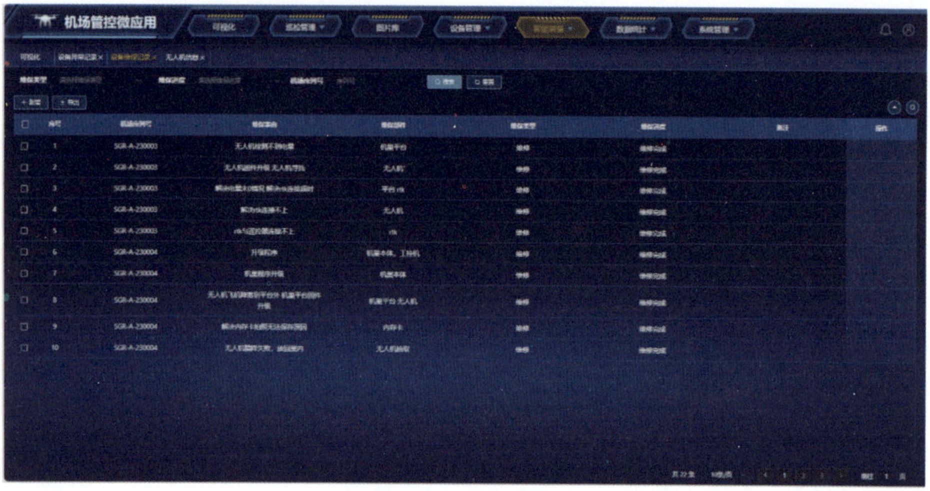

图 8-1　设备维保记录

第九章

无人机机场智能巡检系统典型应用

第一节 日常巡检典型应用

在电力设备巡检工作中，全自动无人机机场智能巡检系统能够对输电线路、变电站、配电线路、密集通道等关键设施进行定期检查。机场巡检不受人员、距离、交通等外界条件限制，响应速度快、巡检频次高。无人机可以搭载可见光进行精细化巡检和输电通道巡视，搭载红外热像仪检测线路的热异常，搭载激光雷达采集通道三维点云，还可以及时发现设备存在的故障点，实现高空航拍、夜间监测、精准定位和实时数据传输。无人机机场智能巡检有效解决了人力电力巡检的各种限制，大大提高了电力巡检效率和准确性，降低了人工巡检的安全风险和成本。

第二节 变电站无人机机场巡检应用

无人机机场变电站巡检作为变电智能巡视和人工巡视的补充，针对变电站内外运行环境、站房屋顶、变压器顶盖及户外敞开式架构顶端等高空盲区进行巡视，重点对主变压器高低压套管、户外隔离开关及线夹等设备进行巡视测温。

以 1000kV 某变电站为例，在特高压站内部署小型无人机和大疆 M300 中型无人机机场（见图 9-1），机场内机械臂自动更换无人机电池，采取单站型接入模式，将无人机巡检模块嵌入数字化平台，使得专用性更强、数据链

131

路最短、响应速度更快。

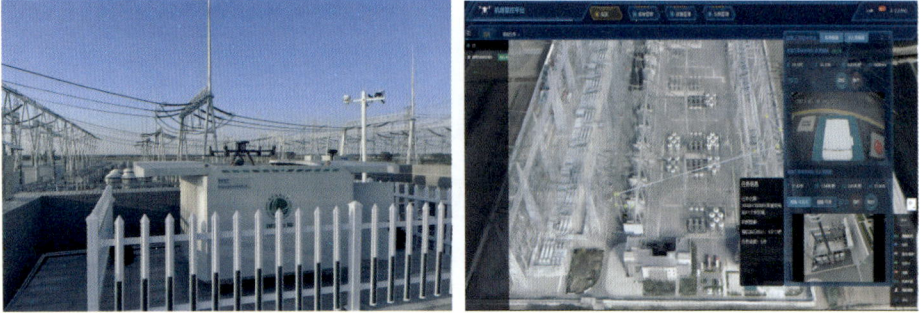

图 9-1   1000kV 某站部署图和现场图

1000kV 某站运维人员梳理了站内 5 类 32 条设备巡检航线，并依据无人机续航能力、起降条件、飞行安全等因素设立无人机巡检三大原则，第一考虑无人机路径最短、最优原则，单次巡检航线兼容邻近周边设备，扩大航线覆盖范围，最大程度保证一次飞行巡检设备数量；第二依据"从上到下""先整体后局部"原则规划航线，利用无人机灵活高效的特点，搭载可见光和红外双光谱镜头，一次飞行采集多元数据，可最大限度提高数据采集质效；第三确保无人机航线独立，对站区主变压器等重点设备及周围环境设置独立航线，有针对性开展巡视及缺陷识别工作。

1000kV 某站针对站内不同设备设置了多样化的巡检点位，区分高空输电类设备、站内独有高空设备及套管、避雷器等中高层设备。制订无人机机场巡检计划，无人机自主完成巡检任务，包括自动起飞、自动巡检、自动返回、自动回传、自动分析，人工仅需巡检结束后查阅巡检报告确认缺陷。机场巡检作业全过程自主实施，通过建立"消防水源、火灾悬停、周边异物"等 13 条专属航线，实现对变电站环境全感知，有效解决巡检高空盲区等问题，满足设备应急特巡等需求。特高压站无人机机场每天可自主巡检 8～12 架次，3 天完成一次全站的巡检任务。

以 220kV 某站为例，该站部署一个小型无人机机场，需作业人员记录机场信息、无人机信息和环境信息，现场勘察机场地理环境信息，重点确认机场各危险点信息，包括禁飞空域、管制空域、高速、高铁、交叉跨越、建筑物、构筑物和其他危险物，同时考虑变电站内高风险巡视区域。为保证机场运维工作正常开展，需按"三种人"明确机场人员配置。

220kV 某站机场部署图和现场图如图 9-2 所示，机场信息表见表 9-1，无人机信息表见表 9-2，机场覆盖范围及各类危险点示意图如图 9-3 所示。

图 9-2　220kV 某站机场部署图和现场图

表 9-1　　　　　　　　　　机场信息表

无人机机场信息										
部署点	机场类型	支持无人机类型	机场高度（海拔）	覆盖半径	供电要求	降落方式	充电时长	安装日期	开门方式	网络接入方式

表 9-2　　　　　　　　　　无人机信息表

无人机信息										
无人机类型	厂家	型号	最大上升速度	最大下降速度	最大飞行速度	无人机最大有效飞行时间	功能特点	RTK	测温方式	电池容量	电池循环次数

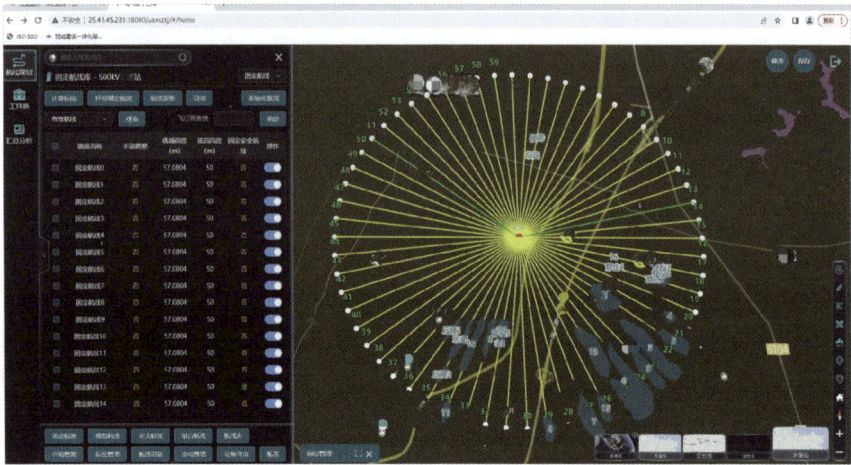

图 9-3　机场覆盖范围及各类危险点示意图

（一）禁飞空域

机场 4km 范围内禁飞区域统计表见表 9-3。

表 9-3　　　　　　　　机场 4km 范围内禁飞区域统计表

序号	禁飞区名称	禁飞原因	杆塔区段	备注
	无			

（二）管制空域

机场 4km 范围内管制空域统计表见表 9-4。

表 9-4　　　　　　　　机场 4km 范围内管制空域统计表

序号	管制空域	管制原因	杆塔区段	备注

（三）高速、高铁

机场 4km 范围内高速、高铁统计表见表 9-5。

表 9-5　　　　　　　　机场 4km 范围内高速、高铁统计表

序号	高速、高铁名称	杆塔区段	备注
1			

（四）交叉跨越

机场 4km 范围内交叉跨越统计表见表 9-6。

表 9-6　　　　　　　机场 4km 范围内交叉跨越统计表

序号	交叉跨越线路	越方式	跨越区段	备注

（五）建筑物、构筑物

机场 4km 范围内高于 30m 建筑物、构筑物统计表见表 9-7。

表 9-7　　　　机场 4km 范围内高于 30m 建筑物、构筑物统计表

序号	建筑物、构筑物高度	位置坐标	影响区段	备注
1				
2				

（六）其他危险物

机场 4km 范围内其他危险物统计表见表 9-8。

表 9-8　　　　　　　机场 4km 范围内其他危险物统计表

序号	危险物描述	高度	位置坐标	影响区段	备注
	无				

（七）变电站内高风险巡视区域

变电站内高风险巡视区域统计表见表 9-9，机场人员配置表见表 9-10。

135

表 9-9   变电站内高风险巡视区域统计表

序号	高风险巡视区域	航线名称	点位数量	备注
1	无			
2				

表 9-10   机场人员配置表

序号	人员分类	姓名	联系方式	单位/部门
1	机场专责人			
2	进站维护联系人			
3	机场系统维护及后台数据提取专责人			
4	机场硬件维护专责人			
5	输电线路运维专责人			
6	变电设备运维专责人			
7	配电设备运维专责人			
8	无人机事故处置责任人			

220kV 某站无人机机场共覆盖输电线路运行杆塔 360 基,其中,500kV 运行杆塔 61 基、220kV 运行杆塔 116 基,110kV 运行杆塔 291 基,35kV 运行杆塔 23 基;覆盖 220kV 变电站 1 座;覆盖配电线路运行杆塔 674 基。220kV 某站无人机机场输电覆盖范围图如图 9-4 所示,220kV 某站无人机机场变电航线图如图 9-5 所示,220kV 某站无人机机场配电覆盖范围图如图 9-6 所示。

统计机场禁飞区、管制区空域情况:

(1)禁飞区:

1)机场以及周边一定范围的区域。

2)军事禁区、军事管理区、监管场所等涉密单位以及周边一定范围的区域。

3)重要军工设施保护区域、核设施控制区域、易燃易爆等危险品的生产和仓储区域,以及可燃重要物资的大型仓储区域。

（2）管制区：

1）发电厂、变电站、加油（气）站、供水厂、公共交通枢纽、航电枢纽、重大水利设施、港口、高速公路、铁路电气化线路等公共基础设施以及周边一定范围的区域和饮用水水源保护区。

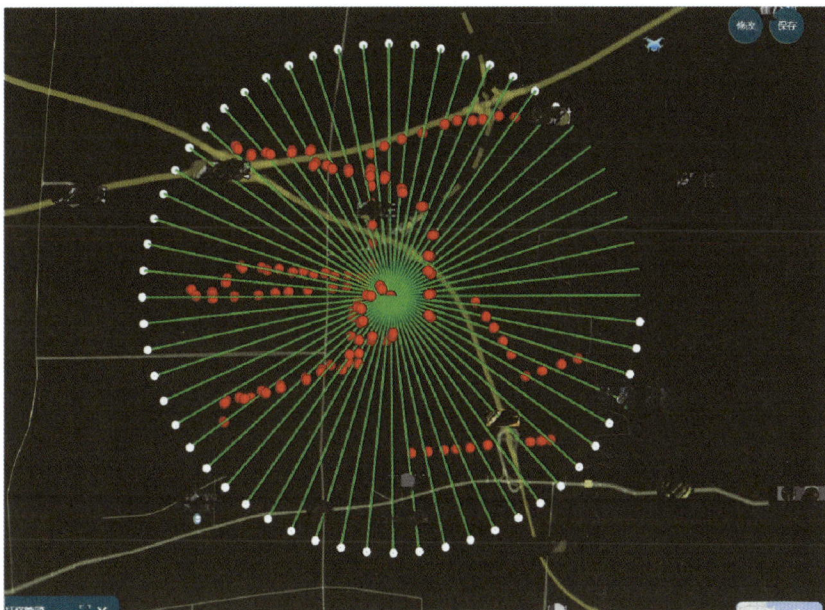

图 9-4　220kV 某站无人机机场输电覆盖范围图

图 9-5　220kV 某站无人机机场变电航线图

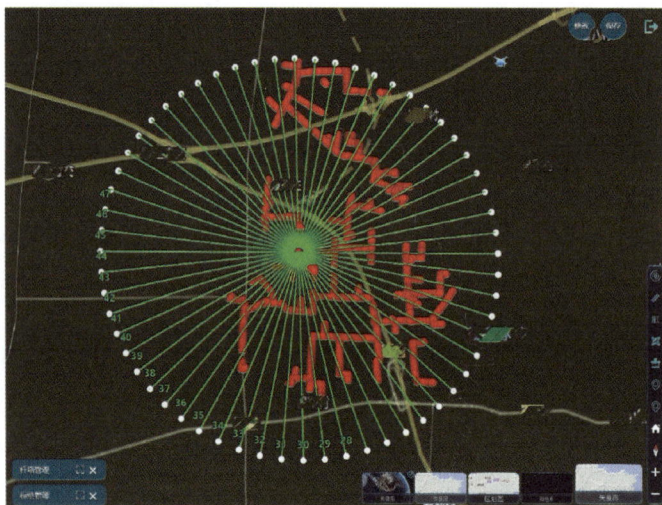

图 9-6　220kV 某站无人机机场配电覆盖范围图

2）射电天文台、卫星测控（导航）站、航空无线电导航台、雷达站等需要电磁环境特殊保护的设施以及周边一定范围的区域。

3）重要革命纪念地、重要不可移动文物以及周边一定范围的区域。

4）国家空中交通管理领导机构规定的其他区域。

机场覆盖线路情况见表 9-11，机场覆盖变电设备情况见表 9-12，机场覆盖设备统计表见表 9-13 ~ 表 9-15。

表 9-11　　　　　　　　　　机场覆盖线路情况

覆盖线路	1000kV	500kV	± 8000kV	± 660kV	220kV	110kV	35kV	10kV
数量（运行杆塔）	0	61	0	0	116	291	23	674
禁飞区数量（运行杆塔）	0	0	0	0	0	0	0	0
管制空域内数量（运行杆塔）	0	0	0	0	0	0	0	0
适航数量	0	61	0	0	116	291	23	674

表 9-12　　　　　　　　　　机场覆盖变电设备情况

覆盖设备	1000kV	500kV	220kV	110kV	35kV	10kV	—	总计
主变压器区域			3					3

覆盖设备	1000kV	500kV	220kV	110kV	35kV	10kV	—	总计
线路间隔			4	4				8
母线间隔								0
电容器					9			9
避雷针							3	3
基础设施							1	1

表 9-13　　　　　　　　　机场覆盖设备统计表（输电）

电压等级	线路/站点名称	设备台账	设备运维管理单位
500kV			
220kV			
110kV			
35kV			

表 9-14　　　　　　　　　机场覆盖设备统计表（变电）

电压等级	变电站名称	设备台账	设备运维管理单位
220kV			

表 9-15　　　　　　　　　　　机场覆盖设备统计表（配电）

电压等级	线路/站点名称	设备台账	设备运维管理单位
10kV			

机场顺序执行航线共计××条，其中输电××条、变电××条（共计××个巡检点位）、配电××条。将机场作业时间区段分为日间执行时段与夜间执行时段。

5 月 1 日～10 月 1 日（日间执行时段：06:00～19:00；夜间执行时段：20:00～次日 05:00）。

10 月 1 日～次年 5 月 1 日（日间执行时段：07:00～17:00；夜间执行时段：18:00～次日 06:00）。机场顺序执行航线统计表见表 9-16。

表 9-16　　　　　　　　　机场顺序执行航线统计表（输电）

机场名称	执行航线编号	专业	航线名称	电压等级	线路/站点名称	覆盖的设备	设备数量	参考巡检时长（min）	备注

机场运行过程中，记录无人机坠机情况和机场维护情况，分别见表 9-17 和表 9-18。

表 9-17　　　　　　　　　　　　　坠机记录表

序号	时间	坠机原因	坠机地点（经纬度）	是否丢失	备注

表 9-18　　　　　　　　　　　　维护记录表

序号	时间	维护原因	维护内容	维护人员	完成时间	验收人

第三节　输电线路无人机机场巡检应用

根据目前各设备专业无人机应用情况，架空输电线路无人机自主巡检技术最为成熟，巡检应用最为广泛。线路无人机巡检技术基于电云航线规划数据，主要分三步实现，首先通过激光雷达扫描获得线路三维点云；其次利用航线规划软件加载线路点云，计算无人机悬停电坐标并生成航线文件；最后无人机在 PTK 高精度定位下，以厘米级误差执行自主巡检作业任务。

输电线路无人机机场巡检应用共包含输电线路设备台账完善、巡检航线梳理、航线上传与台账挂接核对、航线安全校验、巡检计划制订、巡视任务执行、巡视结果查看七个步骤。

一、输电线路台账完善

根据机场覆盖输电设备明细表，对覆盖范围内的设备台账进行梳理完善。在 PMS3.0 中，对设备台账进行检查核对，主要核对设备名称是否匹配、设备与所属类别不对应等情况，及时完善需要添加、修改的设备台账。

二、巡检航线梳理

整理好无人机自主巡检的航线，与机场覆盖输电设备明细表进行匹配，对于命名不规范的航线进行重新命名（电压等级+线路名称+杆塔号，例 220kV 某线 011 号），对于缺少或变更的航线，用无人机航线规划软件根据线路点云信息重新规划。

三、航线上传与台账挂接核对

按照机场覆盖输电设备明细表，将梳理后的航线上传至 PMS3.0 系统，复核输电设备台账与航线信息是否匹配，当出现坐标不匹配时，需要核对点云、台账和航线等信息是否正确。系统会自动挂接，对于挂接不成功的，或复核完台账与航线的，在 PMS3.0 中手动完成航线与台账的挂接。

四、航线安全校验

在机场管控系统的航线管理中展示巡检航线，可含名称、飞行时间、状态、交跨、最低飞行高度、操作等信息，也可查看一基、多基、整条线路、全部线路等情况，通过地图显示航线情况。每基杆塔中显示无人机飞行拍摄点位。每基杆塔中红色标点表示无人机航线的最低高度。

对导入的航线进行航线校验，通过逻辑计算判断，结合地形、倾斜等数据，可对一基、多基、整条线路、全部线路等进行航线校验，状态根据校验结果显示安全/风险状态，安全状态是该航线无人机飞行无撞山、建筑物、跨高压等情况，风险状态是存在以上情况。交跨是判断该航线有无跨越高压线路情况，低压线路可忽略。最低飞行高度是根据条件判断出符合该航线无人机的安全飞行高度，并在地图上进行可视化展示，绿色为判断的安全飞行高度，红色为初始航线设定的无人机飞行高度，出现绿色高于红色情况，表示存在飞行风险。也可以进行无人机通道航线规划和航线入库及导出等操作。巡检航线安全校验如图 9-7 所示。

五、巡视计划制订

对每个机场制订相应的周期性任务策略，包括对专业分类、任务类型、执行线路和执行杆塔进行选择，同时可以制定巡检时间、巡检频次。

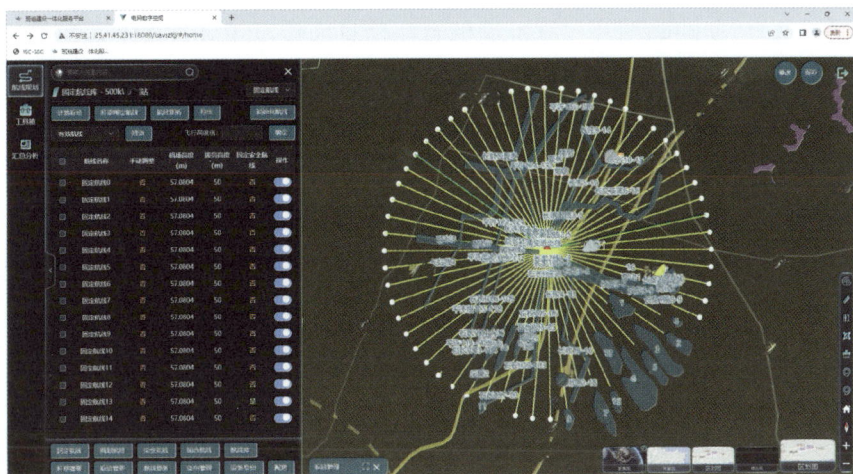

图 9-7　巡检航线安全校验

六、巡视任务执行

根据巡视计划，机场管控微应用开展任务巡视工作，任务巡视工作主要分为以下四个步骤。第一步台账同步，确保台账的准确性；第二步覆盖设备更新，机场覆盖设备根据实际飞行巡视情况，实时进行调整更新，对于不能覆盖的设备解除与机场的关联，对于新覆盖的设备建立与机场的关联；第三步航线同步，机场管控微应用获取任务设备最新的航线数据，机场系统通过PMS3.0 获取数字空间验证后的航线；第四步在机场系统中建立巡视任务，按照巡视计划进行分配，临时性作业可进行手动任务，对于固定周期巡视的任务，根据巡视的周期，制订巡视的计划并自动下发。机场管控微应用执行巡视任务如图 9-8 所示。

七、巡视结果查看

巡检结束后查看巡检结果，机场管控微应用可统计导出某个时间段内巡视任务的详细执行情况。机场回传图片至机场管控微应用，用户可在任务列表或图片库中进行图片的查看，图片回传完成后，调用智能识别算法对图片进行分析。后期缺陷图片根据准确的台账信息回传至 PMS3.0 全业务管控系统。机场管控微应用查看巡视结果如图 9-9 所示。

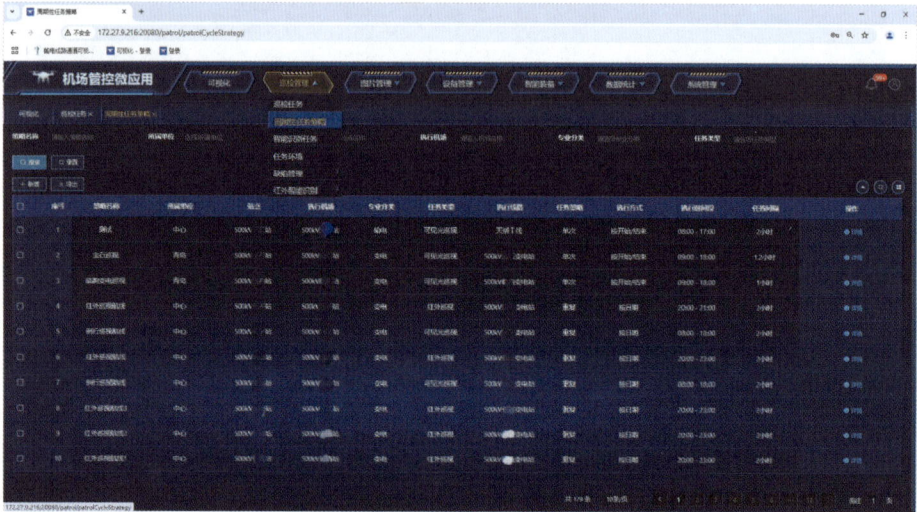

图 9-8　机场管控微应用执行巡视任务

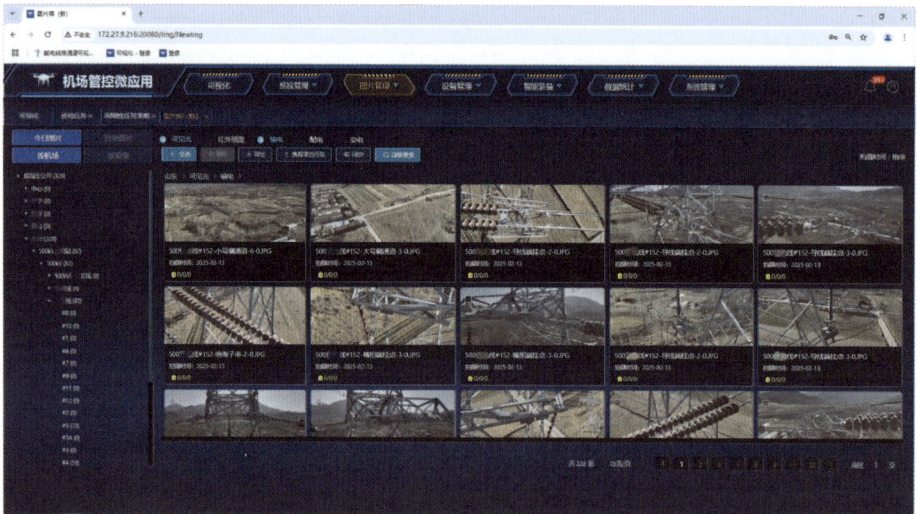

图 9-9　机场管控微应用查看巡视结果

以 500kV 某站无人机机场巡检应用为例，长清站无人机机场共覆盖输电线路杆塔 403 基，其中 500kV 杆塔 38 基、220kV 杆塔 233 基、35kV 杆塔 102 基。覆盖 500kV 变电站 1 座，覆盖配电线路杆塔 437 基。500kV 某站无人机机场输电线路覆盖范围如图 9-10 所示。

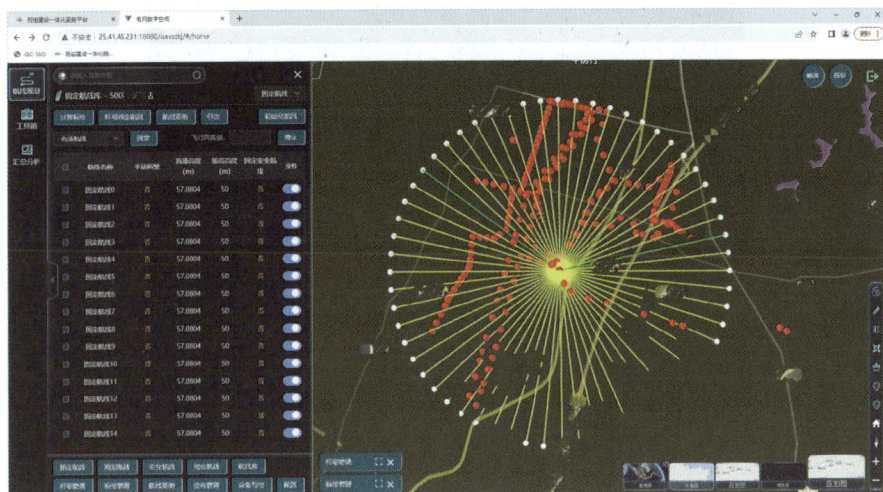

图 9-10　500kV 某站无人机机场输电线路覆盖范围

第四节　配电线路无人机机场巡检应用

配电线路巡视内容主要包括针对配电线路导线、线夹、开关上部等部位进行精细化巡视和红外测温及对配电线路进行通道巡视。

无人机拍摄基本原则为面向大号侧先左后右，从下至上（对侧从上至下），先小号侧后大号侧。

杆塔拍摄路径，全塔—塔头—小号侧俯视 60°拍摄塔头设备—俯视 90°拍摄塔头设备—大号侧俯视 60°拍摄塔头设备—小号侧通道—大号侧通道。单回直线、双回直线、单回耐张、双回耐张均适用，可根据杆塔高度、设备数量酌情添加拍摄位。

配电线路无人机机场巡检如图 9-11 所示。

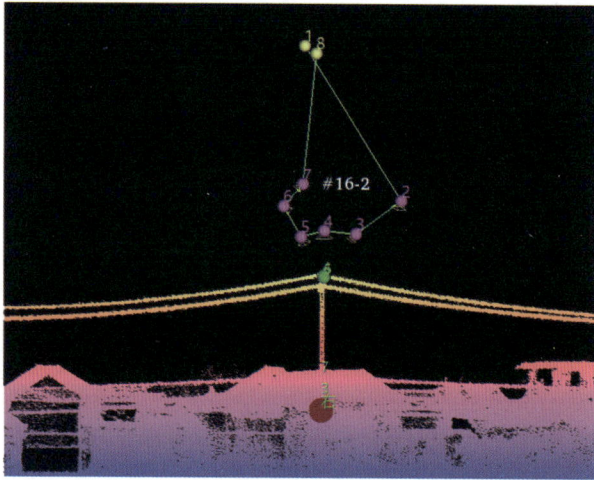

图 9-11　配电线路无人机机场巡检

针对配电线路，具体拍摄部位和重点见表 9-19。

表 9-19　　　　　　　　　配电线路具体拍摄部位和重点

拍摄部位		拍 摄 重 点
直线塔	塔概况	塔全貌、塔头、塔身、塔基
	绝缘子串	绝缘子
	悬垂绝缘子横担端	绝缘子碗头销、保护金具、铁塔挂点金具
	悬垂绝缘子导线端	导线线夹、各挂扳、联板等金具
		碗头挂板销
	地线悬垂金具	地线线夹、接地引下钱连接金具、挂板
	通道	小号侧通道、大号侧通道
耐张塔	塔概况	塔全貌、塔头、塔身、杆号牌、塔基
	耐张绝缘子横担端	调整板、挂板等金具
	耐张绝缘子导线端	导线耐张线夹、各挂板、联板、防振锤等金具
	耐张绝缘子串	每片绝缘子表面及连接情况
	地线耐张（直线金具）金具	地线耐张线夹、接地引下线连接金具、防振锤、挂板

续表

拍摄部位		拍 摄 重 点
耐张塔	引流线绝缘子横担端	绝缘子碗头销、铁塔挂点金具
	引流绝缘子导线端	碗头挂板销、引流线夹、联板、重锤等金具
	引流线	引流线、引流线绝缘子、间隔棒
	通道	小号侧通道、大号侧通道
柱上开关	断路器和负荷开关本体	外壳、套管、分合储能位置指示、开关引线、铭牌
	TV	全貌、一二次引线接线处

以 500kV 某变电站机场应用为例，某站无人机机场 4km 范围内，覆盖配电线路运行杆塔 437 基，配电线路无人机机场巡检在第二节内容中有所体现，在此不再重复。500kV 某站无人机机场配电线路覆盖范围图如图 9-12 所示。

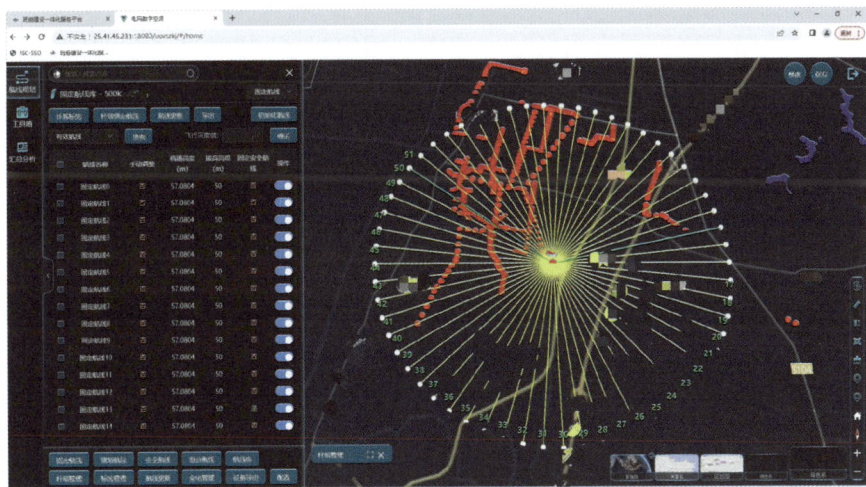

图 9-12　500kV 某站无人机机场配电线路覆盖范围图

第五节　基建现场无人机机场巡检应用

输变电工程施工具有点多、线长、面广的特点，传统视频监控手段存在局限性，亟需利用无人机智能监控和大数据分析技术，发挥无人机在智慧巡检与现场安全监控中的作用，实现电网建设"智慧"监测监控，探求进一步提升电网基建过程管理水平、促进电网建设高质量发展的方式。

应用无人机技术开展施工现场巡检工作，无人机按照航线执行巡视任务，实现自动化的数据采集。系统层打通内外网网络链接，实现无人机业务系统与基建业务系统贯通，实现监督任务、巡视数据等业数融合；业务层建立机场与基建设备联动互补，发挥无人机高空、机动的特点，提升基建安全监督能力；数据层贯通机场系统与基建监控系统数据通路，实现巡视任务、监控实时数据、巡检数据、告警信息的互联互通，与施工现场风险、人员、工作票、进度等数据融合，实现对输变电工程现场立体化、全方位的管控，进一步加强工程现场安全管理、提升智能化管控水平。

根据基建现场实际需求，以无人机机场为基本载体开展智能巡检，整体系统由无人机机场、电力专用无人机、机场管控后台三大部分组成。针对变电工程与线路工程不同应用场景，建立"固定机场+移动机场"协同作业模式，变电工程施工使用固定机场开展定期、固定范围的高频次巡查作业，线路工程施工使用移动机场开展灵活、动态范围的临时巡查作业。

一线人员可根据现场施工情况，进行周期性飞行巡检或临时性突击督察巡检任务下发，无人机在收到巡检任务后，搭载可见光、红外、激光雷达等智能感知设备，多维度、多视角采集巡视设备本体及其附属设施和作业环境状态信息，并通过控制终端或机场等方式经 4G/5G 通信网络将实时位置、飞行状态、实时视频、巡视图像等数据上传。无人机机场在基建现场能够开展以下业务。

一、巡查现场实时监控

巡检实时视频上传至统一视频平台后，会推送至人工智能平台，由人工智能平台进行安全、人员、设备等智能识别操作，并将识别结果推送至机场管控后台。识别出现场违章行为后，会在视频画面中告警提醒，供一线人员第一时间掌握现场情况。基建现场无人机航拍视频截图如图 9-13 所示。

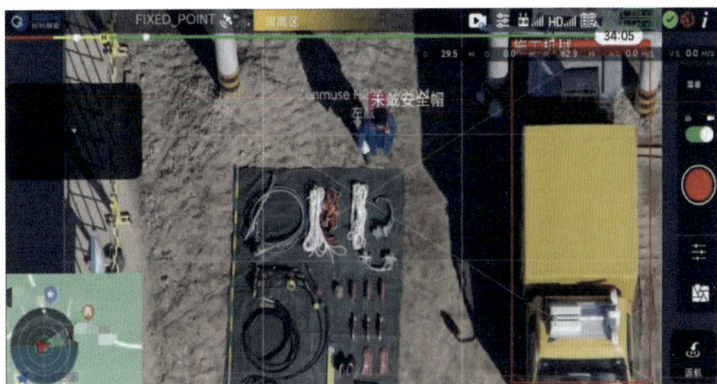

图 9-13　基建现场无人机航拍视频截图

二、工程数字化验收

开展基建工程数字化智能验收，通过无人机搭载的激光雷达系统，对基建验收现场进行扫描，获取线路设备和周围环境的密集"点云"，并对现场进行基于激光点云的三维建模，从而实现高精度三维空间量测、模拟分析及可视化管理。模型生成后，可以自动测量新架设线路杆塔的高度、线路转角、档距、弧垂、相间距等关键数据。校核设计与施工的偏差、交叉跨越详情、线下房屋及树木情况等形成报告，与影像数据一起完成数字化移交。

三、建设过程进度管控

根据电力基建实际情况，利用倾斜摄影与激光点云技术，生成基建现场三维模型，将其与预先设置好的整体基建工程阶段性模型相匹配，判断整体施工进度。对于不同工程阶段，建立针对性的智能管控模型进行施工子任务识别，通过里程碑节点加权判断阶段内施工进度。线路架设现场激光点云建模图如图 9-14 所示。

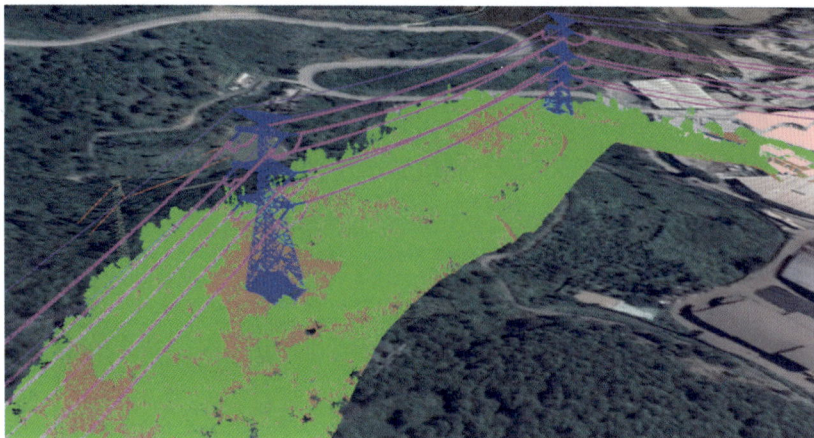

图 9-14　线路架设现场激光点云建模图

四、"移动+固定"机场协同作业。

针对变电工程与线路工程不同应用场景，依托后台管控系统，建立"固定机场+移动机场"协同作业模式。实现"一人"坐地运筹帷幄，机场巡检千里之外。

第六节　应急处置典型应用

无人机机场智能巡检模式不再受人员、距离、交通等外界条件限制，尤其在偏远山区与跨江跨河等特殊区域的设备巡检、暴雨暴雪等恶劣天气灾后巡视、春节及重大活动保电等场景下，能够克服现场复杂地形和极端天气，快速应急响应，直达故障现场，能从根本上杜绝现场人员巡视风险，有效缓解基层一线人员工作压力，保障特殊情况下的电网运行安全。

一、无人机机场冰冻雨雪天气应急处置

国网济南供电公司利用无人机机场在冰冻雨雪天气下开展应急处置，2023 年 12 月 15 日，章丘局部地区发生 40 年一遇的冰冻雨雪极端天气，220kV

衍铁线 27 号～30 号区段发生严重覆冰，此处海拔 842m，山路崎岖倾角大，仅一条徒步登山小路，采用人工观测至少需要 2 名运维人员和 1 辆车，往返至少需 8h。在位于济南市章丘区东部的衍铁站信鸽无人机机场，操控无人机按照系统设定的巡视时间和航线，对 4km 范围内的输电线路开展定航巡检，将采集的影像实时回传至机场管控系统，5min 内准确直观掌握设备本体及通道状态，相较传统人工巡检，综合处置效率提升了约 48 倍。同时，杜绝了人员雪后登山特殊巡视的风险隐患，及时发现线路故障情况。无人机机场雨雪天气应急巡视如图 9-15 所示。

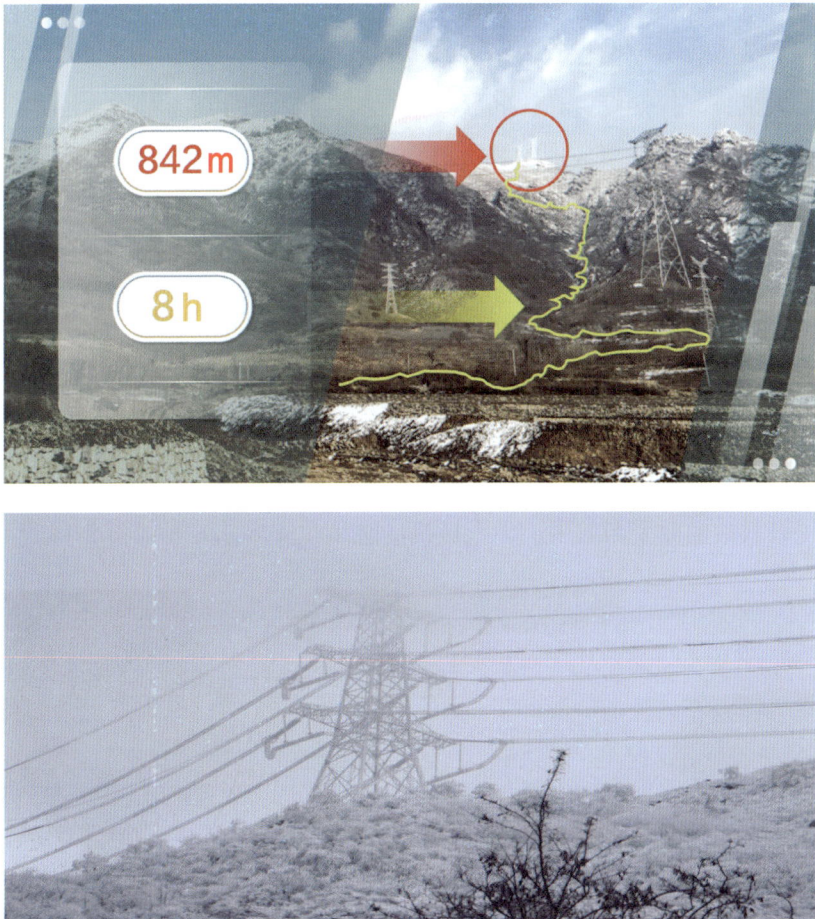

图 9-15　无人机机场雨雪天气应急巡视

二、无人机机场防汛救灾应急处置

无人机智能巡检系统在环境灾害应急中发挥着重要作用。例如，在洪涝灾害中，无人机可以快速搜索被淹没的地区，灾区附近的无人机机场可以在第一时间抵达受灾现场，排查受灾情况，及时发现被困人员和潜在危险，进行救援和紧急救助，无人机机场应用可有效提高排查效率，开展灾害分析，便于指挥部及时进行救灾部署调整。

在防汛压力较大的地区，部署无人机固定机场，无人机机场可根据实际将无人机搭载探照灯、喊话器、通信中继及红外热相仪等装备，无人机抛投装置可飞至人员上空抛投救生圈等救援物资，甚至在交通不便时可以运送物资，无人机搭载探照灯，在夜间紧急情况提供照明，方便搜救、侦查，喊话救援可帮助救援人员引导地面受灾群众配合救援，在水库、河流等位置周边发布汛情预警，可与被困人员进行实时隔空对话，这对于快速稳定局势，安抚受灾群众的情绪有积极作用。

如果因洪灾等灾难对通信设施造成毁坏，使得通信中断，利用无人机空中中继助力灾区通信恢复，为覆盖区域提供通信支持服务。无人机搭载红外传感器，可以快速识别等待救援人员的定位，特别是夜间搜救效果更好，并通过机场管控系统将现场位置回传到指挥部，让救援人员第一时间前往救援，从而极大提升救援的效率与效果。无人机机场防汛救灾应急处置如图 9-16 所示。

图 9-16 无人机机场防汛救灾应急处置（一）

图 9-16　无人机机场防汛救灾应急处置（二）

三、无人机机场防山火应急处置

将无人机机场部署在高风险防山火区域，能够开展高频次防山火巡视，无人机监测范围广、机动灵活，易于监测到人、车难以到达的区域，提高发现和制止野外违规动火的效率，减轻了巡查人员的工作强度，无人机实时回传林区拍摄的图像，配合喊话器和定位系统可及时提醒群众，一旦发现火情，利用无人机可及时监测火点方位与火情大小，便于防火科学决策与指挥，提高地面防火巡查队员处置效率。

无人机机场在森林防火中的应用处置有如下优势，首先，无人机在森林防火工作中的主要作用之一是监测。通过搭载红外线相机和高清摄像头等设备，无人机可以对森林进行全天候、全方位的监测，及时发现火情。与传统的人工巡逻相比，无人机的监测能力更强，可以在短时间内对大范围的森林进行全面监测，提高了防火的及时性和准确性。其次，无人机在森林防火中还可以用于火灾扑救。一旦发现火灾，无人机可以迅速搭载水枪、喷雾器等设备前往火场，进行灭火作业。无人机可以飞越险峻的地形，到达传统工具难以抵达的地方，对火灾进行有效扑救，减少了人员的危险性和救援的难度。此外，无人机还可以用于森林火险评估。通过携带各种传感器，无人机可以对森林进行高效的巡视和数据采集，快速准确地评估森林的火险程度，为防火工作提供科学依据，有针对性地采取防火措施，减少火灾的发生概率。无人机机场防山火应急处置如图 9-17 所示。

图 9-17 无人机机场防山火应急处置

2023 年 12 月 6 日，在济南市莱芜区联合举行山东首次"林电共治"森林防火与电力处置应急演练，深入探索协同作战新模式，全面检验应急响应、组织指挥及联合作战的能力，提升保障森林资源与电力运行安全的应急处置能力。莱芜供电公司将覆盖莱芜区、钢城区林区内输配电线路的 36 座无人机机场接入市政府森林火情预警平台，对覆盖范围内的林区开展不间断的火情监测和航拍侦查工作，对林区内信息第一时间回传、第一时间预警、第一时间处置。

四、无人机机场重要时段保电应急巡检

无人机以其高机动、悬停稳、易操控等特点，被广泛应用于电力巡视、故障检修、设备特殊巡视等工作中，并可与智能载荷整合应用于各类巡检场景。利用无人机机场开展春节保供电巡检，整合无人机平台全面检测设备运行健康状态具有重要意义。2023 年 1 月 21 日除夕夜，供电公司启动春节保供电应急值班，通过无人机机场实时监视配电网线路和台区运行情况，针对

重过载较多变电站区域，主动发起无人机巡视任务，第一时间推送隐患缺陷。大年夜保电期间，共对 10 条输电线路、3 座变电站、15 条配电线路开展 357 架次巡检，结合保电人员定点驻守情况，执行无人机机场差异化巡视策略，缓解各基层单位承载压力，形成人机互补、同频联动、共振响应的坚强保供电体系，以主动化抢修确保客户服务"零等待"。无人机机场春节保电应急巡检如图 9-18 所示。

图 9-18　无人机机场春节保电应急巡检

无人机机场能够开展成像定位隐患部位、自主巡检智能识别缺陷类型、红外热成像测温等工作，随着机场功能升级，网格化部署多座机场，通过多网融合通信技术解耦无人机遥控器强绑定关系，实现无人机在四座机场间的无缝转移，"蛙跳式"接续飞巡，构建"一机多场多网格共享"模式，此模式突破机场巡视边界，网格化部署保障供用电安全。

第七节　社会化典型应用

一、鸟类迁徙地带巡检典型示范场景

东营黄河三角洲为东方白鹳等大型鸟类的一处主要栖息地，春、秋季东方白鹳沿淄博孝妇河、沂河、淄河流域进行迁徙，2019 年以来，东营、淄博地区鸟害故障频发。因此，利用无人机机场，设置专门巡视杆塔顶端、大型湿地的"观鸟航线"，并与可视化系统开展联动巡视，有效捕捉东方白鹳的选址、筑巢、繁殖、栖息、迁徙等活动过程。东方白鹳在杆塔上驻留如图 9-19 所示。

图 9-19　东方白鹳在杆塔上驻留

部署无人机机场 35 座，覆盖东方白鹳历史驻留区域及"大芦湖—新城水库—文昌湖—五阳湖—青杨圈水库"东方白鹳迁徙路线；东营部署 18 座，覆盖黄河三角洲等东方白鹳重点活动区域。

打造国内首个鸟类迁徙地带巡检示范区，创新东方白鹳观测和研究手段，缩短与东方白鹳的时空距离，填补东方白鹳排便规律、敏感声音等方面研究空白；同时，运用机场随时排查覆盖范围内东方白鹳驻留杆塔情况，在不影响东方白鹳繁殖、迁徙的前提下，创新提升防鸟思路和防鸟措施，实现鸟类保护与线路防护的"双赢"。

二、新城建设融合典型示范场景

潍坊加速北部新城建设，国家农业开放发展综合试验区、中央商务区、高铁新片区三大片区建设落地，机场示范区将在设备协同巡检全量替代的基础上，与滨海海洋化工、寒亭新城建设等地方电网发展需求深度融合，探索机巡作业多场景应用示范。潍坊国家农业开放发展综合试验区如图 9-20 所示。

图 9-20　潍坊国家农业开放发展综合试验区

部署机场 16 座，覆盖滨海、寒亭主要区域，兼顾输变配设备全量巡检和机场融合应用场景拓展，北部偏远地区突出远程巡检示范，中南部深化机巡作业与新城建设融合，机场巡检与迁改工程前期、通道防护管理、供电服务提升等多场景融合。

预期成效一是建成滨海远程巡检示范，滨海地区盐池、河道密布，机场集中部署将形成等级防护、防汛抗台、检修监控等多个运检场景示范。二是建成新城建设融合示范，"三大片区"建设全面展开，机场部署将服务于高铁线路迁改前期设计、施工监控、防护管理、工程验收等多个场景，并与智慧配电站房、站城融合、数字化供电所等专业建设融合，形成典型民生用电服务提升示范。

三、黄河滩区机场巡检典型示范场景

黄河滩区迁建是党中央、国务院作出的重大战略决策，是实现滩区群众世代安居梦的重大民生工程。菏泽作为黄河入鲁第一市，滩区面积 825km²，其中东明 692km²，为省内黄河滩区脱贫迁建主战场，是落实中央决策部署和"黄河兴·电先行"行动主阵地。黄河滩区 8 号村台如图 9-21 所示，黄河第一跨：10kV 润农Ⅰ、Ⅱ线如图 9-22 所示。

图 9-21　黄河滩区 8 号村台

图 9-22　黄河第一跨：10kV 润农Ⅰ、Ⅱ线

　　在菏泽东明黄河滩区部署无人机机场 5 座，依托滩区内变电站、供电所、村台合理选择机场位置，与"彩虹驿站"有效融合，打造黄河滩区机场全面

应用示范区，实现机场覆盖范围内无人化、智能化、精细化数据采集与状态监测。后期，在东明陆续部署无人机机场 10 座，实现东明境内输变配设施全覆盖。

依托滩区内机场，常态化开展输变配全量电网设备网格化巡检，助力开展黄河汛情、环境监测，确保黄河电力防线安全稳固，把黄河滩区变成智能运检、优质服务、清洁能源、乡村振兴的主战场和前沿阵地，打造国内首家滩区机场全面协同应用示范区，全力支撑黄河滩区产业发展。

四、曲阜高铁枢纽及尼山保障典型示范场景

曲阜市是鲁西南新兴的交通枢纽城市，京沪高铁与日兰高铁在曲阜交汇，同时济宁机场连接线稳步推进，在跨越高铁的输电线路密集通道附近部署无人机机场，能够实时高效监控输电通道运行状况，确保高铁安全畅通，此外，曲阜是"世界十大文化名人"至圣孔子故里，中国曲阜国际孔子文化节、尼山世界文明论坛等重要国际盛会在曲阜尼山召开，无人机机场在高铁交通供电安全保障及重大活动保电发挥着重要作用。尼山活动保电如图 9-23 所示，密集供电线路跨越高铁如图 9-24 所示。

图 9-23　尼山活动保电

图 9-24　密集供电线路跨越高铁

在高铁、尼山等保电核心设备附近部署 7 座无人机机场，配合超高压部署在 500kV 儒林变电站的机场，打造曲阜高铁枢纽及尼山保障示范区，覆盖曲阜东牵引站、南夏宋牵引站供电设备及尼山核心保电线路。

通过对核心保电设备的无人机机场覆盖，实现空天立体视角、高频次巡检，摆脱传统巡检模式受地形、地物等限制，减轻运维人员巡防压力，提高保电智能化、精益化水平，为地区重要用户可靠供电提供坚强支撑。

五、泰山景区巡检典型示范场景

泰山是世界文化与自然双遗产、国家 5A 级旅游景区、国家级风景名胜区、世界地质公园，其供电保障意义重大。35kV 中天门站是省内海拔最高的变电站，是泰山景区的主要供电电源，输配电线路位于高山大岭中，日常巡检极其困难。泰山中天门变电站如图 9-25 所示。

在 35kV 中天门站部署无人机机场 1 座，打造无人机自主巡检示范站，无人机巡检与变电一键顺控、智能巡视等智能运检技术融合应用，为泰山景区安全供电保驾护航。

图 9-25　泰山中天门变电站

打造高海拔的无人机机场巡检示范区，实现高山大岭、大高度差下的输变配设备自主巡检，减轻设备运维压力，解决恶劣天气后设备巡视难题，确保各类设备缺陷及时发现处理。创新无人机机场与泰山景区智慧管控系统协同联动机制，将无人机机场接入景区智慧管控中心，充分发挥无人机机场时间、空间优势，切实保障泰山景区供电生命线。

六、泰安西特高压建设典型示范场景

陇东—山东 ± 800kV 特高压直流输电工程是我国首个"风光火储一体化"送电的特高压工程，对于落实国家能源安全新战略、满足甘肃陇东地区大型综合能源基地电力送出需要、提升山东省电力安全保障能力、促进陇东革命老区及黄河流域高质量发展具有重大意义。泰安西换流站作为泰安地区首座特高压换流站，在换流站建设过程中，应用无人机全程、实时掌握现场工程情况及进度有着重要探索意义。

在陇东直流泰安西换流站站址附近配电室部署无人机机场 1 座，突出基建、运检无人机跨专业融合巡检应用，重点打造无人机自主巡检示范站，为远程掌握换流站现场建设进度、工程质量等情况提供技术支撑。

首创无人机机场基建专业应用,实现换流站工程施工现场全程、实时影像回传,远程掌握工程情况及进度,打造无人机机场基建巡视典型经验,为陇东直流工程建设提供坚强支撑。示范区的建成可同时实现周边输配电线路全方位自主巡检,率先形成无人机机场基建、运检多专业融合巡检应用模式。

七、长岛生态电力系统典型示范场景

长岛供电公司是山东省唯一的海岛供电企业,承担着 12 个军民岛屿、40 个行政村的供电任务。长岛计划打造"零碳"生态岛建设,岛内交通将主要以电动汽车为主,通过无人机机场的建设,可以有效地减少人员巡视所产生的碳排放,提升整体长岛智能化运检水平。长岛零碳生态建设区如图 9-26 所示。

图 9-26 长岛零碳生态建设区

在长山供电所部署无人机机场 1 座,覆盖 110kV 变电站 1 座,110kV 输电线路 2 条、配电线路 12 条,全方位覆盖长岛主岛电力系统生命线。重点打造无人机自主巡检示范站,服务政府绿色发展、打造国际零碳岛。

第十章

展　　望

第一节　提升巡检数据安全管控

一、加快提升巡检过程数据安全

持续补充北斗电力基站布点，提高配置密度，优化信号覆盖，确保满足无人机自主巡检定位要求。对在用无人机、机场等巡检定位逐步替换，新增无人机及机场全部应用，全面实现自主巡检北斗定位全覆盖。积极开展无人机加密芯片技术试点工作，推进无人机加密芯片技术研究与机场适配工作，通过在无人机本体中植入安全芯片，实现本体内数据的加密，建立无人机与机场间加密数据链路，确保无人机飞行的数据安全。

二、贯通内外网多专业系统数据

基于互联网大区，实现无人机机场管控微应用涉及的巡检作业资源管理、安全监测、指令控制、数据统计、决策中心等主体业务功能，利用软硬件安全防护措施及"互联网大区—管理信息大区"传输通道，贯通无人机机场数据安全传输链路，实现无人机机场自主巡检的全流程线上流转。完成互联网大区机场微应用与无人机微应用融合，横向贯通内网 PMS3.0 无人机（机场）微应用，满足输电全景、变电集控和配电智巡的交互需求，纵向打通基建系统，实现接口标准、数据流向统一。

第二节　加快固定机场技术攻关

一、推动机场软硬件迭代升级

突破机场小型化、低功耗、风光储等关键技术，降低机场部署对场地要求，提高机场覆盖范围。探索机场蛙跳技术，升级无人机控制模式、机场调度算法，解绑无人机、机场限制，提升设备应用质效。研究机场与无人机集群调度技术，机场具备单机转场、潮汐式转场等作业模式，提高机场应用效率。深化机场模块化与一体化设计，减少施工复杂度，提高机场运行稳定性与现场部署效率；优化机场供电策略，按需提升无人机充电效率与 UPS 电源配置，保证日常巡视工作开展。

二、加快后端基础硬件配置升级

省侧、地市侧升级人工智能平台版本、统一智能分析服务接口，推进云服务器、隔离网闸、算力显卡等硬件资源配置扩容，提升巡检图像处理速度与处理量。按需拓展互联网大区、内网带宽容量，提升数据传输、数据处理时效性。试点机场与 RTK 信号基站协同部署，针对性增强机场覆盖范围区域的定位信号强度，降低硬件及服务投入成本，提升整体应用质效。

三、加快无人机机场巡检新技术探索研究

持续提升机巡装备关键性能，研发满足电力巡检需求的行业专用无人机。推进可接力飞行的低成本小型机场应用；推进驻塔无人机应用，解决偏远山区无人机机场无法取电问题。开展机载前端 AI 辅助拍照、巡检航线实时规划、网格化自主协同和多架次无人机自动调度等自主巡检新技术研究应用。

第三节 作业模式优化升级方向

一、设备专业内部扩展输变配设备

无人机机场以无人机巡视半径 4km 为一个单元进行网格化部署，开展网格内输变配全量设备巡视，实现"一个机场、全域巡视"。按照无人机巡视效率最优化的原则，在输变配密集区域内选点布置，在疫情防控、洪涝灾害等条件下，确保设备巡视正常开展，实现了从"单一专业应用"向"全量设备协同"转变。

二、公司内部服务安监部门和建设部门

无人机机场在任何时间、雨雪冰冻等恶劣天气下故障发生后，可第一时间自主开展设备巡视。综合考虑设备与道路受损、安监人员到位需求和基建现场安全管控等因素，与传统人机协同巡视和无人机自主巡视相比，机场巡视不再受人员、距离、交通等外界条件限制，实现了从"人工现场放飞"向"远程一键下达"、从"限定条件使用"向"不限时空出动"跨越式发展，可实现安监人员全方位督查及建设部门不限时空全方面管控。

三、对社会其他单位开放服务

随着社会公众对无人机机场的认知度不断提升，无人机机场不仅是未来开展电网设备无人化智能巡视的重要发展方向，还是消防、安防、智慧城市等领域的有益补充。同时，无人机机场的规模化部署，可为森林草原火情监测与预判、社会治安违法行为记录与追踪、交通疏导、应急处置等提供社会服务，具备较为广阔的应用前景。